MANUAL DE TREFILAÇÃO

abm
Associação Brasileira de
Metalurgia, Materiais e Mineração

Coleção de Livros ABM em
Metalurgia, Materiais e Mineração

Editor-Chefe
Ronaldo Barbosa

Diretor de Operações
Valdomiro Roman da Silva

Analista Editorial
Luciane Genzano Cruz

Aluizio Carlos Ferreira da Silva

MANUAL DE TREFILAÇÃO

Abordagem prática

Manual de trefilação: abordagem prática

Editora Edgard Blücher Ltda.

Publisher Edgard Blücher
Editores Eduardo Blücher e Jonatas Eliakim
Coordenação editorial Andressa Lira
Produção editorial Regiane da Silva Miyashiro
Preparação de texto Amanda Fabbro
Diagramação Claudia Barros
Revisão de texto Mariana Góis
Capa Leandro Cunha
Imagem da capa Aluizio Carlos Ferreira da Silva

Blucher

Rua Pedroso Alvarenga, 1245, 4º andar
04531-934 – São Paulo – SP – Brasil
Tel.: 55 11 3078-5366
contato@blucher.com.br
www.blucher.com.br

Segundo o Novo Acordo Ortográfico, conforme 6. ed. do *Vocabulário Ortográfico da Língua Portuguesa*, Academia Brasileira de Letras, julho de 2021.

Dados Internacionais de Catalogação na Publicação (CIP)
Angélica Ilacqua CRB-8/7057

Silva, Aluizio Carlos Ferreira da
Manual de trefilação : abordagem prática / Aluizio Carlos Ferreira da Silva. - São Paulo : Blucher, 2023.
118 p. : il. (Coleção de Livros ABM)

Bibliografia
ISBN 978-65-5506-610-4

1. Metalurgia 2. Trefilação 3. Aços I. Título II. Série

23-4272 CDD 671.84

Índices para catálogo sistemático:
1. Metalurgia - Trefilação

APRESENTAÇÃO DA COLEÇÃO DE LIVROS ABM

A Coleção de Livros ABM em Metalurgia, Materiais e Mineração, criada em 2005, tem por principais objetivos suprir lacunas de conhecimentos e estimular o desenvolvimento de pessoas.

De forma a ter uma abordagem mais didática, a coleção foi segmentada em quatro séries:

Livros de Referência – apresentam-se como materiais para consulta rápida de informações úteis, gerais ou focalizadas em um determinado campo do conhecimento, abrangendo, normalmente, tabelas, estatísticas, definições, exemplos, históricos e outros tipos de conteúdo.

Obras de Difusão – têm o propósito de levar a notícia e o conhecimento até o leitor comum, familiarizando-o com a natureza do progresso científico e tecnológico, bem como apresentar implicações econômicas, sociais e políticas, em uma sociedade exposta a constantes mudanças.

Livros de Atualização – fornecem ao leitor mais experiente a abordagem de assuntos especializados que complementam o conhecimento técnico-científico, além de atualização sobre os progressos nas áreas de metalurgia, materiais e mineração.

Livros-texto – destinam-se a leitores iniciantes ou que queiram se aprofundar no assunto, abordando temas de Fundamentos, Matérias-primas e Processos, Produtos e Aplicações e Gestão, seguindo uma sequência lógica de assunto e grau progressivo de dificuldade, compatíveis com a finalidade didática do livro.

O livro *Manual de trefilação: abordagem prática* é fruto de mais uma parceria entre ABM e Editora Blucher, e vem enriquecer a Coleção de Livros, contribuindo com a série Livros-texto.

abm
Associação Brasileira de
Metalurgia, Materiais e Mineração

Ronaldo Barbosa
Editor-chefe

Prefácio

Em 1987, após ter passado brevemente pelas áreas de Aciaria e Laminação, fui designado para trabalhar na Trefila. Afirmo que entrei nessa área sem conhecimentos prévios; foi como se tivesse "caído de paraquedas" no meio do território inimigo. A única coisa que eu realmente dominava era o conhecimento sobre a matéria-prima: o fio-máquina, pois era oriundo dos processos pelos quais eu havia passado recentemente.

Meu início foi extremamente desafiador, uma vez que a minha única fonte de informações sobre a trefilação eram os procedimentos da área e a ajuda generosa dos meus colegas e superiores, que nunca se furtaram em me orientar. À medida que o tempo passava, percebia cada vez mais a dificuldade em encontrar material relevante sobre a área, tanto dentro como fora da empresa. Naquela época, a internet não era tão acessível como é hoje, e eu tinha que me virar sozinho.

Conforme me aprofundava no entendimento da área, com o pouco material que eu garimpava, as dificuldades foram se transformando em oportunidades, já que exigiam muita dedicação de minha parte para superá-las. Dessa forma, fui resolvendo os desafios com mais agilidade, e o aprendizado resultante se transformou em recompensas tanto para mim quanto para os colegas que me acompanharam na busca das soluções desses problemas.

Neste livro, busquei incluir a maior parte desses aprendizados e confesso: ele é exatamente o livro que tanto procurei quando comecei a trabalhar com trefilação! Infelizmente, demorou muito tempo até que eu o encontrasse, mas isso acaba sendo uma vantagem para o leitor, pois ele oferece conhecimentos práticos e de fácil compreensão, com dicas de produtividade e recomendações de segurança no ambiente de trabalho que serão extremamente úteis durante a jornada como trefilador.

Ao longo deste trabalho, tentei tornar cálculos complexos em fórmulas mais simples, que podem ser resolvidas com uma calculadora básica de 4 operações, e nos pontos em que não consegui, criei tabelas para facilitar o entendimento e a aplicação na trefila.

Não pretendo insinuar que o processo seja simples, mas era necessário que eu entendesse os fundamentos básicos antes de me aprofundar. Neste livro, procurei apresentar as informações necessárias para realizar a trefilação de forma simples, sem rodeios. Recomendo a quem deseja obter um entendimento profundo do assunto que comece estudando as referências bibliográficas no fim do material.

O texto começa com o contexto histórico e, em seguida, aborda desde a extração do minério de ferro até sua transformação em aço. Na sequência, discutimos brevemente as características químicas e físicas do material, e como essas propriedades influenciam o desempenho da trefila e seus produtos. Também abordamos os diferentes tipos de máquinas utilizadas na trefilação e suas respectivas aplicações. A fim de facilitar a assimilação do conteúdo, foram incluídos recursos gráficos que proporcionam ao leitor a melhor visualização possível dos processos envolvidos.

Espero sinceramente que a maneira como este material foi escrito seja adequada para o seu uso, e comprometo-me a melhorá-lo em futuras revisões, adicionando mais informações e/ou contando com a sua contribuição valiosa.

Gostaria de expressar minha profunda gratidão aos meus familiares e amigos pelo incentivo que me deram na transformação do que aprendi em uma contribuição para aqueles que estão iniciando neste mundo da trefilação. E, não menos importante, gostaria de agradecer à ABM (Associação Brasileira de Metalurgia, Materiais e Mineração) e à Editora Blucher, por tornarem esse sonho uma realidade.

Desejo a todos uma excelente leitura, repleta de descobertas e conhecimentos que ampliarão sua compreensão e habilidades na área da trefilação.

Grande abraço e aproveitem ao máximo essa jornada de aprendizado!

Índice de figuras

Índice de tabelas

Siglas

ABNT	Associação brasileira de normas técnicas
ATC	Alto teor de carbono
BTC	Baixo teor de carbono
EP	Extrema pressão
EPC	Equipamento de proteção coletiva
EPI	Equipamento de proteção individual
ETE	Estação de tratamento de efluentes
FEA	Forno elétrico a arco
FM	Fio-máquina
LE	Limite de escoamento
LR	Limite de resistência
LR/LE	Relação resistência/escoamento
MTC	Média teor de carbono
WC	Carbeto de tungstênio
ZTA	Zona termicamente afetada

Conteúdo

CAPÍTULO 1
Introdução

Na história evolutiva do homem, não são poucas as vezes em que os metais o ajudaram a superar os desafios impostos pela natureza. Desafios esses que foram vencidos por sua criatividade e engenhosidade, mas que não teriam sucesso sem um parceiro resistente, maleável e facilmente encontrado em todos os lugares por onde o ser humano se aventurou, mesmo que esse encontro tenha sido por mero acaso.

Assim são os metais, verdadeiros aliados que devidamente tratados rendem meios para atingir tudo o que nossa imaginação for capaz de criar. Eles nos acompanham desde o tempo em que deixamos de ser presas e evoluímos para o topo da cadeia alimentar. Hoje, nos alçam a conhecer novos mundos que outrora apenas vislumbrávamos.

Convido você a estudar de maneira simples uma das diversas formas que o homem desenvolveu para transformar esse parceiro em algo útil ao cotidiano. Precisamente nos limitaremos a estudar sobre os métodos de produção de fios de aço, porém, grande parte do que veremos aqui pode ser aplicado facilmente a outros metais tão importantes e abundantes em nosso dia a dia.

A ideia com este trabalho é prover mais recursos sobre o tema, diante da limitada oferta de material em português voltado para a operacionalização da trefilação. Começamos definindo o que é aço, seus meios de produção, e, assim, abordamos os detalhes envolvidos no processo de trefilação, sempre deixando alguma dica de como otimizar os processos sem renunciar à segurança. Também abordaremos os cálculos mais elementares utilizando ábacos, tabelas e uma calculadora de quatro operações básicas.

Não há pretensão de mergulhar profundamente na ciência por trás dos processos envolvidos na trefilação, quero deixar aqui uma contribuição prática, adquirida ao longo de muitos anos trabalhando em diversas trefilarias, que auxiliará o leitor no dia a dia como trefilador. São ensinamentos do chão de fábrica que visam tirar o melhor dos processos e despertar *insights* que levem a níveis superiores de operação, com um forte viés de segurança com pessoas, materiais e equipamentos. Este é um primeiro contato com esse processo, mas caso você queira se aprofundar na ciência por trás desse assunto, recomendo os títulos que fazem parte das referências bibliográficas deste material.

Para que você se familiarize rapidamente com o que vamos estudar, há um fluxograma que inter-relaciona os assuntos que serão abordados:

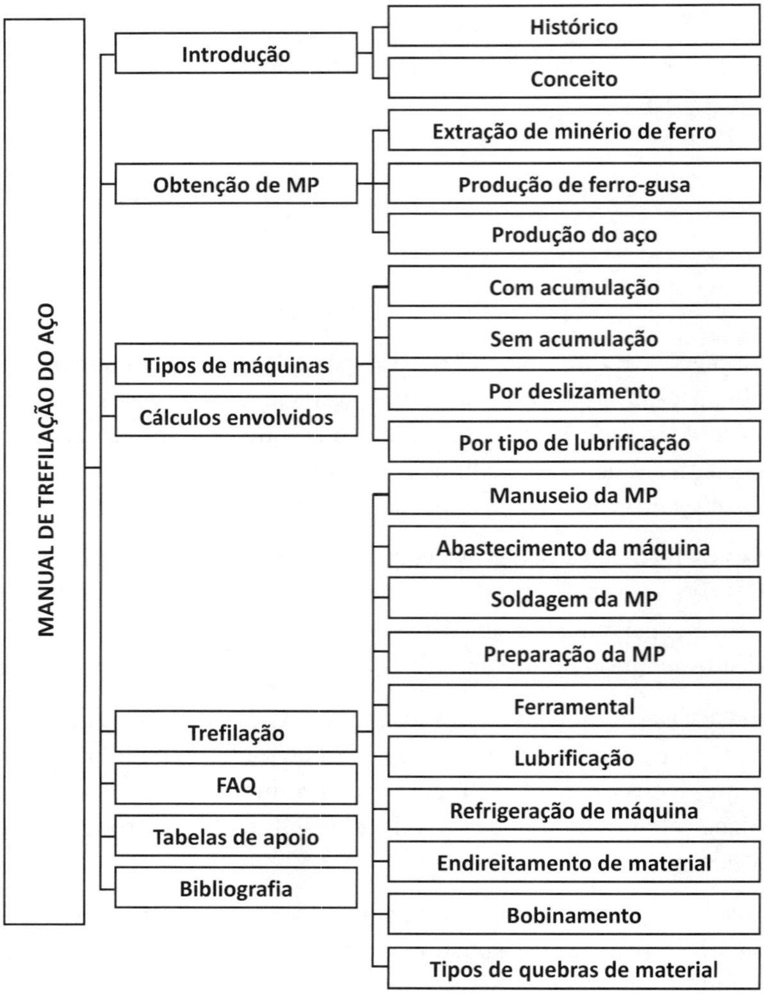

Figura 1.1. Resumo do manual de trefilação.

1.1 HISTÓRICO

Como já vimos, faz tempo que o homem molda o mundo à sua necessidade e tal ação seria bem mais difícil sem o uso de ferramentas. Nos primórdios, paus e pedras nos ajudaram a enfrentar os predadores e prover o pão de cada dia. À medida que os dias se passavam, novos materiais foram incorporados à caixa de ferramentas. Em paralelo à evolução, nossos domínios cresciam e as demandas tornavam-se mais complexas, exigindo utensílios mais adequados.

A certa altura da pré-história descobrimos os metais durante um momento despretensioso em volta de uma fogueira: foi notado que algumas pedras em particular se fundiam sob o calor e, ao resfriarem, solidificavam-se novamente, formando um material maleável e mais resistente que as costumeiras rochas usadas em armas. Assim começava um verdadeiro salto tecnológico na confecção de ferramentas e utensílios que agora deixam de ser mero fruto do acaso e passam a ser mais úteis que nunca ao nosso novo estilo de vida.

A importância histórica dos metais está intimamente ligada ao desenvolvimento da humanidade. Eles chegam ao ponto de nominar fases da nossa evolução:

- Idade do cobre: marca o fim da Idade da Pedra Lascada e o início da era dos metais. O cobre foi o primeiro metal a ser fundido intencionalmente e é utilizado como substituto aos apetrechos de pedra, pois seu material é maleável e leve. Armas e muitos utensílios foram viabilizados com esse metal. Estima-se que esse período se iniciou em 5000 a.C.
- Idade do bronze: na nossa busca incansável de aprimorar o que fazemos, descobrimos que o cobre combinado a outro metal – o estanho – se tornava mais resistente mecanicamente e suportava melhor a corrosão, assim, originando o bronze. Esse período começou em 3000 a.C.
- Idade do ferro: esta fase impactou com mais força a nossa evolução e abreviou a chegada do progresso às nossas vidas. Mas ele não substituiu completamente os demais materiais, pois cada metal tem vantagens e desvantagens em relação aos demais. O ferro substituiu, em parte, os utensílios de cobre e bronze, porque era mais abundante e bem mais resistente, mas o peso e a facilidade com que era corroído se mostravam desfavoráveis e, com isso, deixou espaço para outros metais. Essa época inicia-se em 1900 a.C. e finda com a disseminação da escrita; contudo, o ferro não perde seu posto de metal mais importante até o século XIX, quando surgiram novos meios de fundição que levam ao desenvolvimento do aço.

Com o passar dos anos, nosso conhecimento sobre os metais evoluiu e especializou-se nas seguintes áreas: pesquisa, extração; manufatura e adequação ao uso. Assim nasce a metalurgia como um importante ramo do conhecimento humano, uma ciência fascinante e muito abrangente.

Como toda área do conhecimento, a metalurgia se dividiu em outros ramos e, num desses, a Conformação dos Metais se desdobrou, nascendo, assim, a trefilação, no início produzindo fios de forma artesanal. Isso fica evidenciado em várias ocasiões ao longo da história. Por exemplo, as malhas usadas pelos cavaleiros medievais eram confeccionadas em metal a partir de fios de pequenos diâmetros, que eram obtidos por artesãos por meio do uso de ferramentas rudimentares. Nessas, o fio passava por placas cerâmicas ou metálicas, com orifícios escalonados, sequencialmente, do maior ao menor. E, para reduzir o atrito, facilitando o trabalho, se utilizava a gordura animal como lubrificante.

Aqui damos o pontapé inicial ao nosso estudo.

1.2 CONCEITO DE TREFILAÇÃO

O processo de trefilação consiste em puxar uma barra metálica por meio de uma ferramenta, provocando uma deformação permanente em sua seção transversal por meio da compressão indireta gerada no interior da ferramenta; dessa forma, ocorre a conformação do material e significativas mudanças em sua microestrutura. Tudo isso ocorre à temperatura ambiente e à medida que a peça continua a ser deformada, em paralelo, há liberação de calor proveniente do atrito do material com as partes internas da ferramenta e pelas deformações internas da estrutura da barra. Outro ponto importante é a velocidade na qual todo o processo ocorre, quanto mais rápido, há ainda mais liberação de calor em grande parte por conta do atrito.

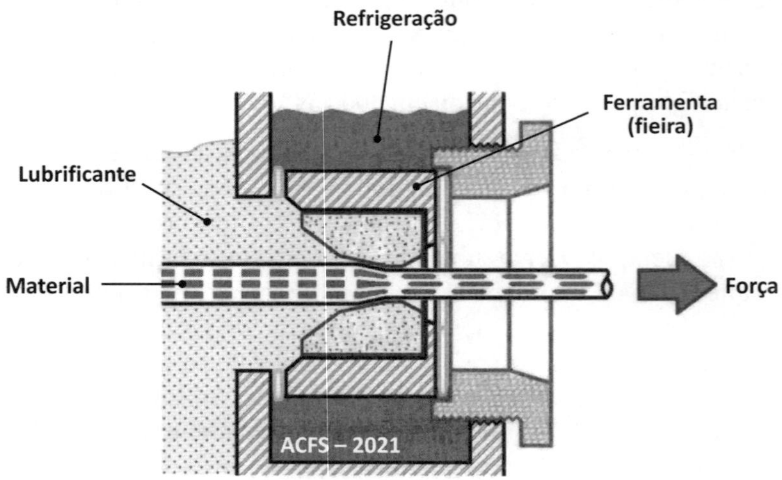

Figura 1.2. Detalhe de um passe de trefila.

CAPÍTULO 2

Obtenção da matéria-prima

Antes de falar sobre a trefilação, faz-se necessário conhecer um pouco sobre o processo de obtenção do aço. Será de grande ajuda ao identificar falhas de material durante o processo de deformação, por isso faremos uma breve apresentação começando com a produção da matéria-prima das trefilas. Garanto que será importante para ampliar nosso entendimento futuro e vai despertar ainda mais interesse pela metalurgia.

Todo metal é extraído da natureza na forma de minério, ou seja, sempre vem ligado a outros elementos químicos, por exemplo, o ferro (Fe) pode ser encontrado ligado ao oxigênio (O), enxofre (S) ou ao carbono (C), formando, assim, respectivamente, óxidos, sulfetos ou carbonatos. Talvez o ouro seja um dos raros metais que é extraído na forma pura, porém os demais necessitam de alguns processos que os refinem antes de usá-los em escala industrial.

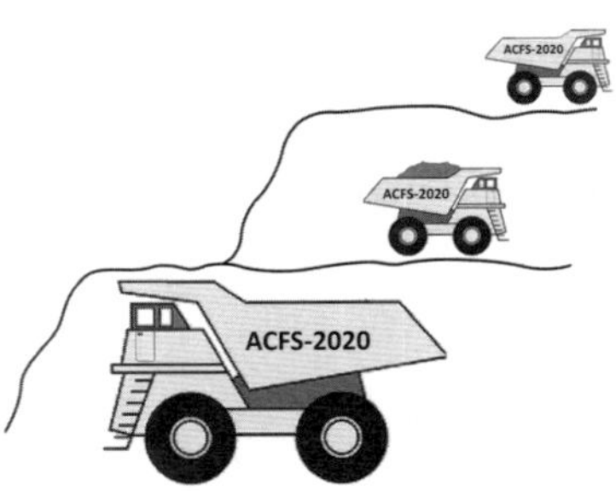

Figura 2.1. Extração de minério de ferro.

2.1 EXTRAÇÃO

O minério de ferro é uma rocha rica em Fe, O, silício (Si), manganês (Mn) e S, e ainda pode conter vestígios de outros elementos. Não possui aplicação mecânica por conta de sua fragilidade e é encontrado na natureza em diversas formas com concentrações diferentes de Fe.

A seguir, as formas mais comuns do minério de ferro:

- Óxidos:
  - ▹ Hematita (Fe_2O_3) apresenta concentrações de 65 a 70% de Fe, utilizada mundialmente e muito abundante no Brasil, principalmente nos Estados do Pará e Minas Gerais.
  - ▹ Magnetita (Fe_3O_4), com teores de 65 a 72% de Fe, possui propriedades magnéticas.
  - ▹ Limonita ($FeO(OH).nH_2O$) tem de 45 a 48% de Fe e é rica em moléculas de água.
- Carbonatos:
  - ▹ Siderita ($FeCO_3$), com teores de 40 a 47% de Fe.
- Sulfetos:
  - ▹ Pirita (FeS_2), sem importância econômica por ser rica em enxofre, um contaminante muito nocivo ao aço, por torná-lo muito frágil.

As maiores reservas de ferro do mundo encontram-se na Austrália, no Brasil, na Rússia, nos Estados Unidos, na França e na Inglaterra. No Brasil, os principais Estados produtores são: Minas Gerais, Pará, Mato Grosso do Sul, Bahia e Amapá.

2.2 PRODUÇÃO DE FERRO-GUSA

Após sua extração, o minério é transportado para usinas onde é processado junto com o calcário e o coque (destilado de carvão mineral) em grandes reatores químicos denominados altos-fornos, para assim produzir o ferro-gusa.

O minério é abastecido pela parte superior do alto-forno, juntamente com o coque e o fundente. Na base do forno, logo acima do recipiente onde o ferro-gusa é acumulado (cadinho), é insuflado ar aquecido a aproximadamente 700 °C pelas ventaneiras que queimam o coque e o fundente, liberando o CO (monóxido de carbono), que sobe e reduz o minério de ferro aquecido arrastando o oxigênio da carga e gerando CO_2 (dióxido de carbono), por fim, liberando por gotejamento o ferro-gusa com um teor de carbono próximo aos 4%.

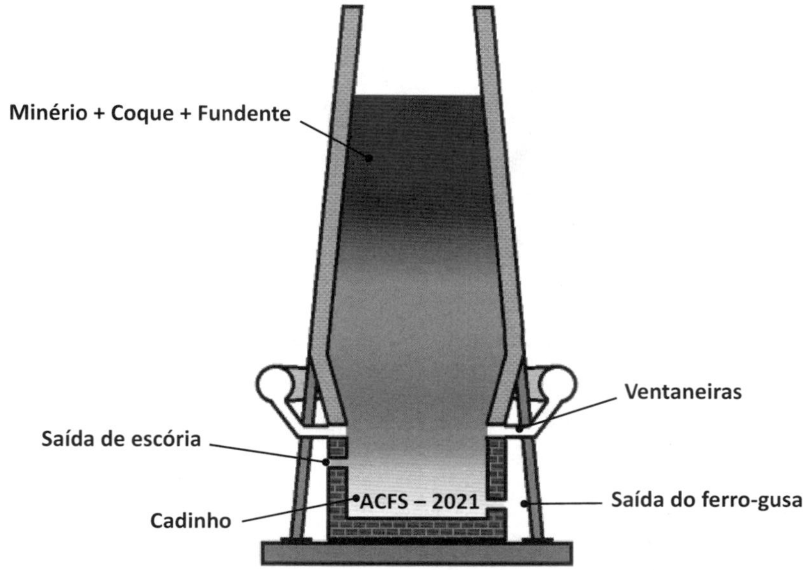

Figura 2.2. Detalhes de um alto-forno.

A carga de coque e fundente abastecidos no topo do reator vão descendo pelo corpo do alto-forno com o auxílio da gravidade, em sentido contrário ao ar insuflado na base que sobe permeando a carga e reagindo, acelerado pela temperatura.

Basicamente, o alto-forno produz ferro-gusa, escória, material particulado e grande quantidade de gases que podem ser reutilizados no próprio alto-forno ou em processos posteriores, como reaquecimento de peças na laminação.

Como vimos anteriormente, o alto-forno reduz a quantidade de oxigênio da carga, porém há outros elementos químicos indesejáveis que terão seus teores ajustados em processos posteriores, tais como o enxofre que tem seu teor corrigido na dessulfuração.

2.3 CONCEITO DE AÇO

Segundo a norma ABNT NBR 6215:2011 – produtos siderúrgicos – terminologia:

> Aço é uma liga ferrosa que apresenta teor de carbono igual ou inferior a 2% em peso na sua forma combinada ou dissolvida e que pode conter elementos de liga adicionados ou residuais.

Ou seja, o aço é, na verdade, uma liga de ferro e carbono, com alguns elementos residuais de sua extração e outros adicionados intencionalmente, a fim de melhorar suas características mecânicas. Por exemplo: ligado ao cromo e ao níquel, torna-se mais resistente à corrosão; caso seja ligado ao nióbio, torna-se mais resistente à tração.

Logo mais falaremos sobre a influência dos elementos químicos na melhoria das propriedades do aço.

Você já percebeu que no dia a dia o aço passa despercebido? Não o notamos em nossas casas, nas ruas, nos prédios, no nosso trabalho, mas o aço está em tudo que nos rodeia.

2.4 PRODUÇÃO DE AÇO

O ferro-gusa, após as devidas correções de sua composição química, é destinado às aciarias, onde geralmente pode seguir por dois caminhos bem distintos até a produção do aço:

- Abastecer os conversores, onde haverá a redução do seu teor de carbono até os níveis aceitáveis através da injeção de oxigênio, ou
- Abastecer os fornos elétricos (FEA) e juntamente com a sucata ferrosa produzir o aço. Por usar sucata, esse processo vai demandar um rígido controle dos teores dos elementos que, porventura, vierem agregados à sucata para garantir as propriedades mecânicas adequadas desse aço.

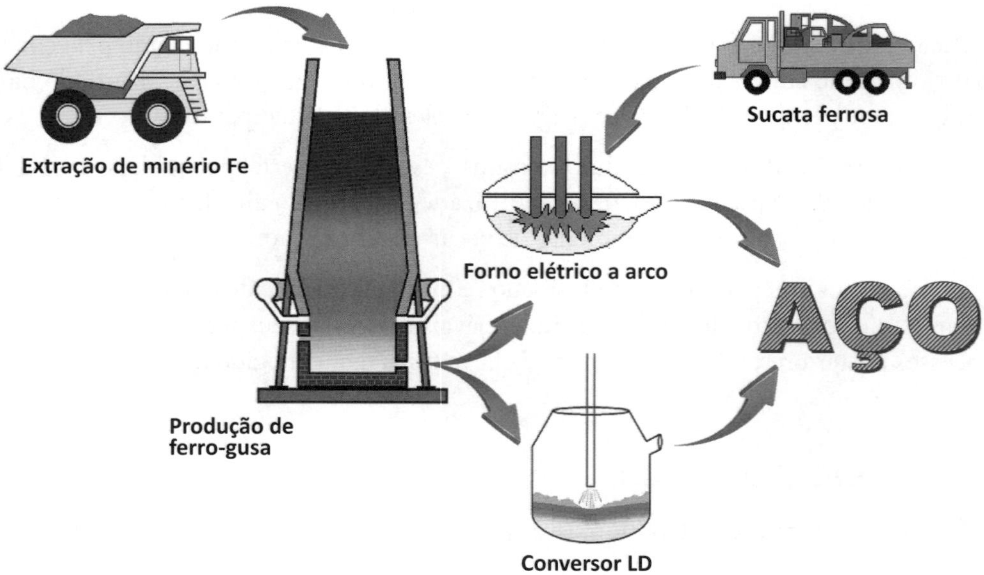

Figura 2.3. Ciclo de produção do aço.

Como podemos ver na Figura 2.3, o aço é um produto que possui uma reciclagem quase ilimitada, contribuindo fortemente com a redução do extrativismo e custos de produção.

2.4.1 COMPOSIÇÃO QUÍMICA

Como já dito, para que atenda às expectativas, o aço requer um controle rígido de sua composição química, porém alguns elementos têm o poder de promover melhorias ou prejuízos às suas características físicas.

Alguns desses elementos são inerentes ao processo de extração do Fe e outros são adicionados intencionalmente para conferir novas propriedades ao aço.

A seguir, relacionamos as principais influências de alguns elementos químicos no aço.

Tabela 2.1. Influência dos elementos químicos no aço

Elemento	Símbolo	Ponto de fusão	Influência
Alumínio	Al	660 °C	É um elemento leve que, adicionado em pequenas quantidades, ajuda a desoxidar o aço (acalmar) e, paralelamente, refina o grão da estrutura.
Boro	B	2.079 °C	Nos aços inoxidáveis austeníticos, aumenta o limite elástico, diminuindo a resistência à corrosão. Quando adicionado ao aço-carbono comum em quantidades extremamente pequenas, contribui para sua temperabilidade.
Chumbo	Pb	327 °C	Adicionado em teores de 0,20 a 0,50%, por conta da sua distribuição fina e homogênea no aço, resulta na formação de cavacos finos e curtos, melhorando a usinabilidade sem afetar as propriedades mecânicas.
Carbono	C	3.367 °C	Eleva os limites de resistência mecânica, dureza e temperabilidade, a partir de 0,3% diminui a soldabilidade.
Cobalto	Co	1.495 °C	Eleva a resistência ao revenimento, a condutividade térmica e aumenta o limite de resistência a tração a quente. Tem outra propriedade: não formar carbonetos.
Cobre	Cu	1.083 °C	Aumenta os limites de escoamento e resistência mecânica, mas prejudica a elasticidade do aço. Em pequenas quantidades, torna o aço mais resistente à ferrugem.

(*continua*)

Tabela 2.1. Influência dos elementos químicos no aço (*continuação*)

Elemento	Símbolo	Ponto de fusão	Influência
Cromo	Cr	1.857 °C	Eleva a dureza, a resistência e a temperabilidade, melhora a resistência à corrosão e piora a soldabilidade. É um formador de carbonetos.
Enxofre	S	112 °C	É uma impureza que deve ser mantida abaixo de 0,05%, pois sua presença em níveis controlados melhora a usinagem do material. O excesso de S torna o material quebradiço.
Fósforo	P	44 °C	Impureza que deve ser mantida abaixo de 0,05%, pois torna o aço frágil.
Hidrogênio	H	–259 °C	É um elemento indesejável que fragiliza o material, por conta do tamanho diminuto do átomo de H, e tem facilidade para transitar na estrutura do material, alojando-se nos interstícios da rede cristalina. A presença desse elemento eleva os limites de escoamento e resistência, diminuindo a ductilidade do material.
Manganês	Mn	1.244 °C	Melhora a resistência, temperabilidade e a soldabilidade. Por outro lado, diminui a tenacidade do material. Combinado com o C, aumenta a resistência a abrasão. O Mn provoca uma elevação na resistência em aproximadamente 10 kgf/mm² a cada 1% adicionado.
Molibdênio	Mo	2.617 °C	Aumenta a resistência mecânica e, quando combinado com o Ni e o Cr, eleva os limites de resistência e escoamento.
Níquel	Ni	1.453 °C	Combinado com o Cr, eleva a tenacidade e torna o aço mais resistente à corrosão e ao calor.
Nióbio	Nb	2.468 °C	Eleva a resistência mecânica e a tenacidade sem fragilizar o aço, pois age no refino do grão. É muito utilizado em aços de baixo carbono para garantir as propriedades físicas.
Nitrogênio	Ni	–210 °C	É prejudicial aos aços de baixa liga, porque reduz a tenacidade e causa a *fragilidade ao azul*, além de propiciar a corrosão intergranular.

(*continua*)

Tabela 2.1. Influência dos elementos químicos no aço (*continuação*)

Elemento	Símbolo	Ponto de fusão	Influência
Oxigênio	O	−218 °C	Prejudicial ao aço ao se combinar com o Fe, mas geralmente tem seus efeitos reduzidos pela adição de outros elementos químicos (Mn, V, Si e o Al) que promovem a desoxidação do aço, por terem maior afinidade com o oxigênio do que o Fe.
Selênio	Se	217 °C	É usado para melhorar a usinabilidade dos aços.
Silício	Si	1.410 °C	Eleva os limites de resistência e escoamento do aço. Reduz a condutividade térmica e a usinabilidade. É terrível para aços que posteriormente serão galvanizados, pois aumenta a formação de Fe-Zn.
Titânio	Ti	1.660 °C	É utilizado para refinar os grãos.
Tungstênio	W	3.410 °C	É utilizado para refinar os grãos e elevar o limite de resistência à tração, à abrasão e à dureza, mas reduz a condutividade térmica.
Vanádio	V	1.890 °C	Em pequenas quantidades eleva a dureza em altas temperaturas e diminuem o tamanho de grão.

Como já vimos, no aço, o principal elemento constituinte é o ferro, mas o carbono é o responsável pelas mudanças de estrutura e características mecânicas. Porém, quanto mais alto o seu teor, mais difícil é a soldabilidade desse material.

Para contornar essa dificuldade, podemos restringir o teor de carbono (< 0,30%) e obter os mesmos benefícios em substituição ao C sobre as características mecânicas apenas combinando os teores de outros elementos. Esse balanceamento entre os demais elementos é realizado usando-se uma equação muito conhecida no meio siderúrgico: a do carbono-equivalente (C_{eq}):

$$\%C_{eq} = \%C + \%Mn/6 + ((\%Cr + \%V + \%Mo)/5) + ((\%Cu + \%Ni)/15)$$

A soldabilidade de aços acima de 0,30% C é possível, porém requer mais cuidados, inclusive com a adoção de processos de tratamentos térmicos posteriores para reduzir a sua fragilidade.

2.4.2 PROPRIEDADES FÍSICAS

As propriedades químicas têm grande influência no comportamento mecânico que o aço apresentará durante seu uso, mas tratamentos térmicos posteriormente aplicados ao produto também podem alterar as propriedades mecânicas do aço. A seguir, listamos as principais grandezas utilizadas para mensurar as propriedades físicas do material:

- Massa específica 7,85 g/cm^3, também conhecida como massa volumétrica ou densidade.
- Resistência à tração é a capacidade do material de resistir a esforços de tração, desprezando as deformações provocadas no corpo de prova. Calculamos de acordo com a seguinte equação:

Limite de resistência = carga de ruptura / seção do material

- Escoamento (ponto C na figura a seguir) é o limite onde o aço deixa de apresentar um comportamento elástico sob solicitações mecânicas e passa a comportar-se plasticamente.

Limite de escoamento = carga de escoamento / seção do material

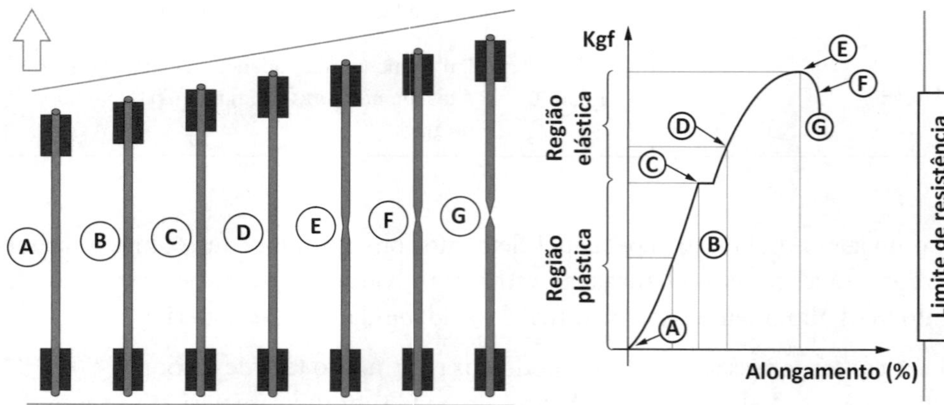

Figura 2.4. Determinação dos limites de escoamento e resistência à tração.

Ponto	Evento
A	O material não está submetido à carga de tração.
B	O material está submetido a uma carga leve, caso esta cesse, o produto retorna a seu comprimento inicial, o que significa que ele não sofreu deformação alguma.
C	Em razão da elevada carga, o material está atravessando uma zona de transição onde os planos cristalinos "escorregam" entre si (escoamento); nesse momento, o material sofre uma grande deformação. Caso a carga seja retirada, o material não retornará mais para o comprimento inicial, deformando-se permanentemente.

(*continua*)

Figura 2.4. Determinação dos limites de escoamento e resistência à tração. (*continuação*)

Ponto	Evento
D	Com os planos rearranjados, o material resiste um pouco mais ao esforço, mas começamos a verificar uma pequena redução da sua seção (estricção) no ponto mais fraco.
E	A seção do ponto mais fraco chegou ao seu limite, e, a partir daqui, a carga sofrerá uma queda abrupta e começamos a notar a zona de "estricção" ainda mais acentuada.
F	A carga cai e a estricção se acentua ainda mais.
G	A seção da estricção não resiste ao esforço e rompe bruscamente.

- Ductilidade é a propriedade que o material possui de se deixar deformar sem romper. Verificada pela estricção do corpo de prova e seu alongamento, que é determinado conforme equação a seguir:

Alongamento (A%) = (comprimento final – comprimento inicial) / comprimento inicial * 100

- Rigidez é a resistência à deformação quando submetido à ação de forças.
- Maleabilidade é a facilidade com que o material se permite achatar sem apresentar trincas.
- Tenacidade é a propriedade do material em se permitir romper somente após longa e pronunciada plasticidade.
- Fadiga é a perda das propriedades iniciais do material pela repetição dos esforços, provocando no corpo de prova sua ruptura prematura e inferior ao que de fato o material resistiria.
- Fragilidade é observada quando o material tem um comportamento plástico e pouco elástico.
- Dureza é a propriedade que o material apresenta ao resistir ao ser riscado ou penetrado.
- Plasticidade é a capacidade que o metal apresenta de se deformar e manter a forma.
- Resiliência é a capacidade de suportar choques mecânicos sem romper ou sofrer deformações perceptíveis.
- Elasticidade é a propriedade apresentada por materiais, em maior ou menor grau, de retornar à forma primitiva, quando retiradas as solicitações que atuam sobre ele.
- Fluência é o fenômeno de deformar permanentemente e de forma lenta e progressiva um corpo de prova em altas temperaturas.
- Calor específico é a quantidade necessária de calor que deve ser fornecido ao aço para aquecer uma unidade de massa em 1 °C (aço = 0,10 cal/g °C).

2.4.3 ENSAIOS FÍSICOS

Para verificar as propriedades físicas dos metais, geralmente são empregados os seguintes ensaios destrutivos:

- Ensaio de tração, submetemos um corpo de prova a esforços longitudinais a seu eixo até que ele rompa. Esse ensaio é realizado em equipamento próprio, que em paralelo aos esforços plota um gráfico de "tensão x deformação" onde se registra o comportamento do material. Por meio desse ensaio, é possível determinar as seguintes características do material:
    - ▷ Limites de resistência e escoamento;
    - ▷ Estricção e alongamento.

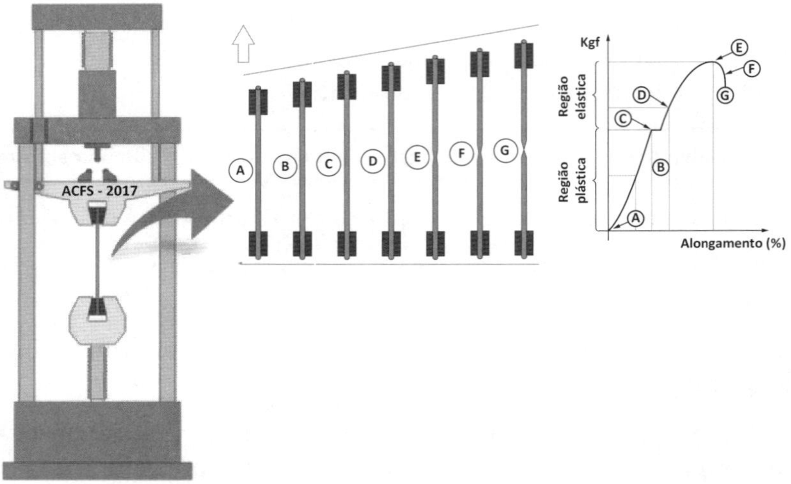

Figura 2.5. Ensaio de tração.

- Ensaio de dobramento, que consiste em dobrar o material sobre um pino proporcional ao seu diâmetro para verificar se o corpo de prova apresenta fissuras ou quebras na área dobrada. É um ensaio que verifica a ductilidade do material.

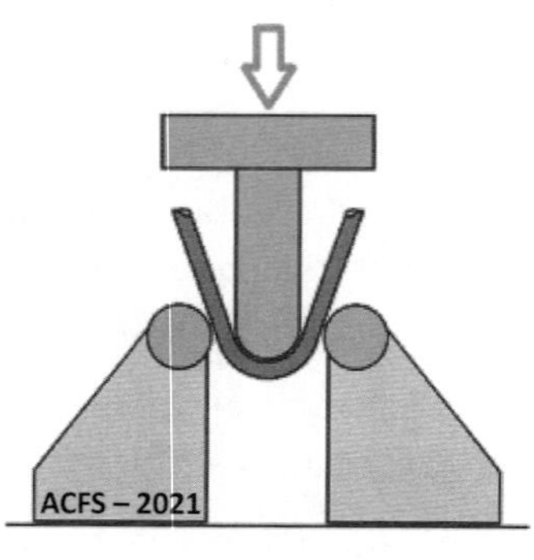

Figura 2.6. Ensaio de dobramento.

Uma variante do ensaio é o de "enrolamento", em que o material é enrolado sobre o próprio diâmetro, sendo assim mais rigoroso que o ensaio de dobramento. Outro ensaio aparentado é o de dobramento cíclico, que além de constatar a ductilidade do material, também revela defeitos de fabricação.

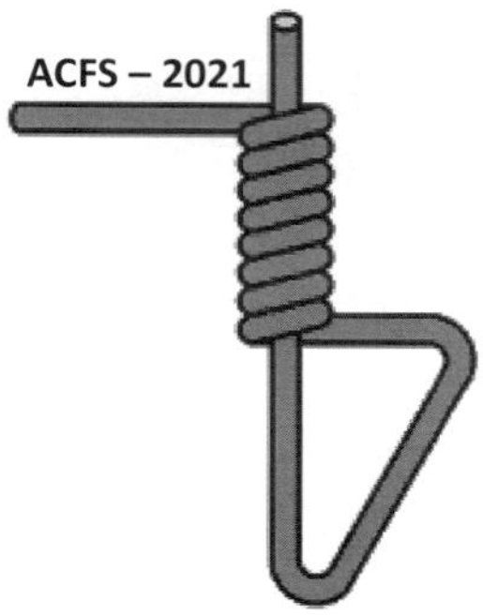

Figura 2.7. Ensaio de enrolamento.

- Ensaio de torção, neste teste, torcemos o material sobre o próprio eixo, a fim de medir sua ductilidade. Há uma variação desse ensaio: o de "torção alternada", que consiste em torcer o material sobre o próprio eixo 4 vezes e depois retornar o mesmo número de vezes. É um ensaio muito utilizado em produtos laminados com a finalidade de encontrar defeitos de laminação (falhas em dobra).

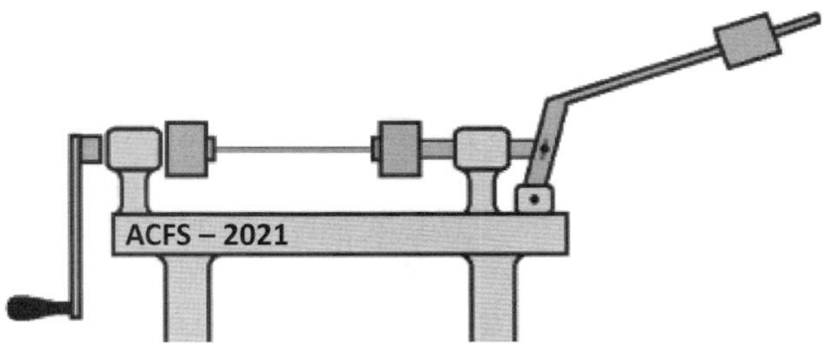

Figura 2.8. Ensaio de torção.

- Ensaio de recalque, em que o corpo de prova é comprimido com determinada carga e verifica-se a abertura de trincas ao longo de seu corpo. É um teste de ductilidade.

- Ensaio de dureza, realizado em equipamentos específicos (durômetro), consiste em riscar ou penetrar o material com objetos bem mais duros que o corpo de prova. Dependendo da profundidade do risco ou penetração, faz-se correlações com alguns parâmetros e se determina a dureza do material.

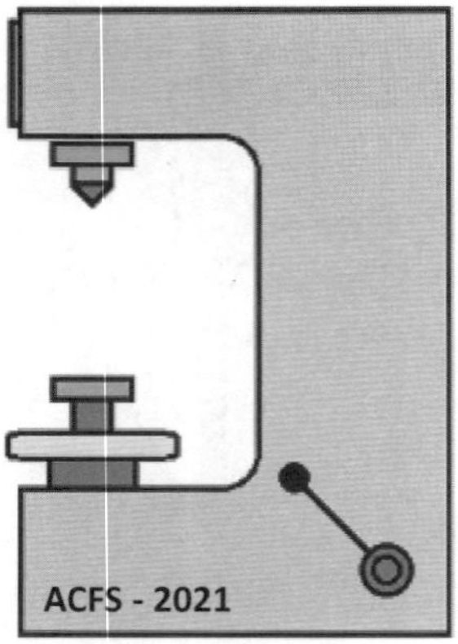

Figura 2.9. Durômetro.

2.4.4 MATÉRIA-PRIMA PARA TREFILAÇÃO

A trefilação de fios ou barras de aço utiliza-se basicamente de dois tipos de matérias-primas:

- Barras laminadas, que são empregadas na produção de barras trefiladas em bancas de trefilação, onde, dependendo do diâmetro final da barra, esta recebe um passe que varia de 2 a 5 mm com o objetivo de remover as imperfeições superficiais e calibrar o diâmetro da barra de acordo com sua posterior aplicação. Em geral, a banca de trefila trabalha em linha com uma unidade de endireitamento, para garantir a retilineidade da barra produzida.

Figura 2.10. Barras laminadas para trefilação.

- Fios de aço laminados conhecidos como fio-máquina (FM), empregados na produção de barras ou fios com comprimentos e diâmetros diversos. Podem sofrer deformações de até 95% de redução de área sem precisar de algum tratamento para recuperação da sua estrutura.

Figura 2.11. Bobinas de fio-máquina.

Os dois produtos são oriundos do processo de laminação a quente, onde o aço é aquecido acima da sua zona crítica (723 °C para aços eutetoides), tornando-se mais maleável e deformado até a espessura desejada em virtude da temperatura inicial do material e o calor gerado pelas deformações consecutivas que ele sofre ao longo do processo. A temperatura final é suficiente para que ocorra a recristalização da estrutura durante os passes de laminação, com isso, necessitando de um controle adequado da temperatura para que o crescimento dos grãos esteja conveniente ao uso na saída do laminador.

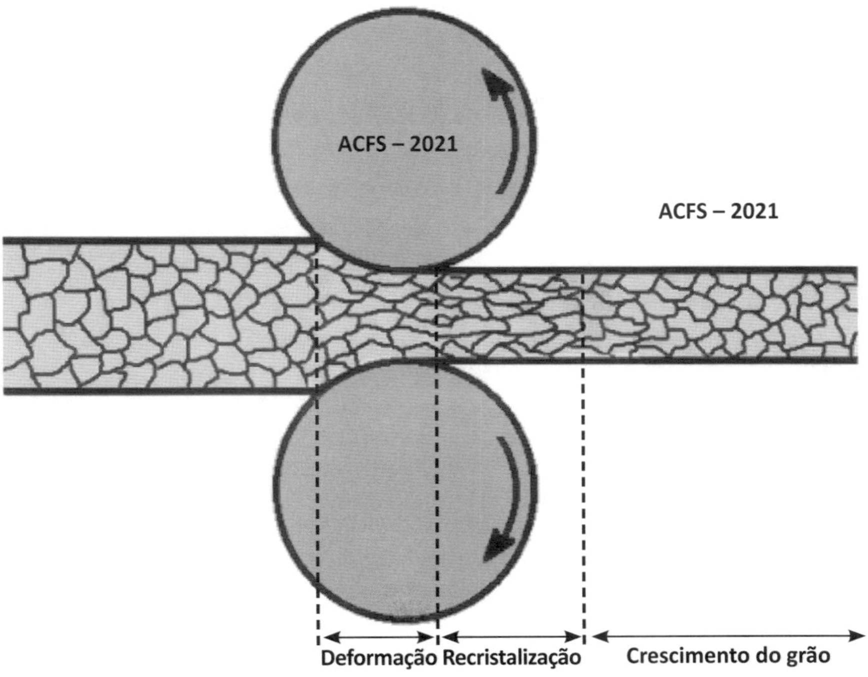

Figura 2.12. Detalhe da recristalização dos grãos após a deformação mecânica.

CAPÍTULO 3
Máquinas de trefilar

Durante a evolução do processo de trefilação vários conceitos de máquinas foram desenvolvidos; alguns focando na produtividade, outros mais voltados às exigências do material produzido. Podemos dividir as gerações das máquinas de trefilar conforme a tecnologia e as exigências dos produtos.

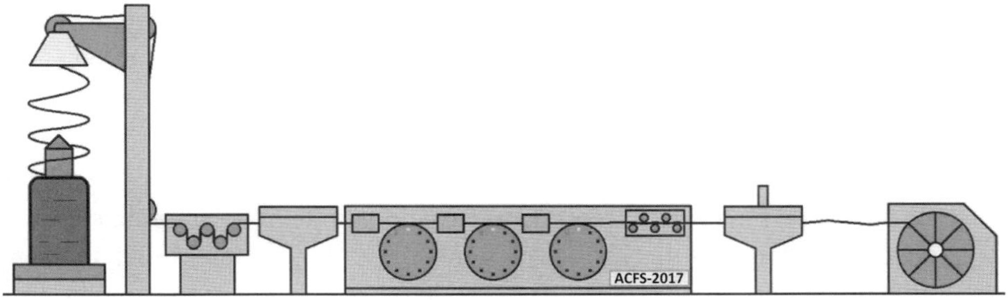

Figura 3.1. Laminador a frio.

Basicamente, três variáveis definem o projeto da máquina:

- A compensação das diferenças de velocidades entre os passes, pois implica se haverá acumulação ou não entre os passes.
- Se a acumulação entre os passes será compensada por deslizamento.
- E o tipo de lubrificante utilizado no processo de deformação (seco ou úmido).

3.1 BLOCOS COM ACUMULAÇÃO

Como dito anteriormente, na trefilação o material é puxado por uma ferramenta que provoca uma deformação permanente na seção transversal do material (redução da área/diâmetro) e, em razão dessa redução, ocorre o estiramento do mesmo na saída da ferramenta. Ou seja, no mesmo instante em que há uma certa quantidade de material entrando na matriz, simultaneamente esse material sai na mesma quantidade, porém com a seção reduzida, ou melhor, sai com um comprimento maior no mesmo intervalo de tempo.

Assim, verificamos que há um aumento de velocidade na saída da ferramenta para manter o equilíbrio do que entra e do que sai.

Quando observamos dois passes sucessivos de trefila, surgem algumas situações:

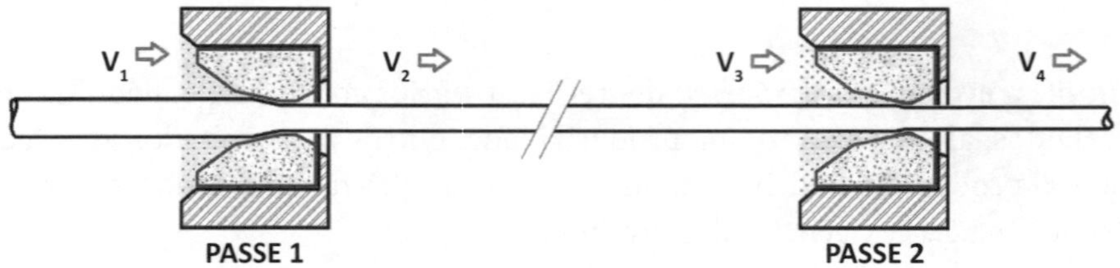

Figura 3.2. Análise cinemática de dois passes de trefilação.

- Se a velocidade de entrada (V3) do passe 2 for igual a de saída (V2) do passe 1, o sistema estará em equilíbrio e o processo fluirá sem problemas.
- Se a velocidade de entrada (V3) do passe 2 for maior do que a de saída (V2) do passe 1, o material será "esticado" (tracionado) e ocorrerá uma ruptura do processo em que o material tiver a menor seção. Nessa condição, ocorrerá uma quebra do fio por tração na saída do passe 2 (V4).
- Se a velocidade de entrada (V3) do passe 2 for menor do que a de saída (V2) do passe 1, começaremos a observar uma sobra de material entre os passes, com isso, precisaremos "acumular" esse excesso de material para que o processo continue. Dessa situação, originaram-se alguns tipos de blocos que permitem essa acumulação:

A seguir, listamos os principais tipos de blocos com acumulação e suas vantagens e desvantagens.

Tabela 3.1. Tipos de blocos com acumulação

Tipos de blocos	Tipos de máquinas	Especificidades
Otto 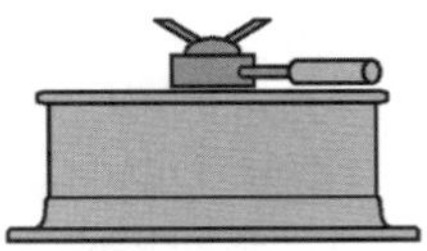 O excesso de material é enrolado no bloco e mantido tensionado pelo rolete-compensador, disposto acima do bloco.	Monoblocos 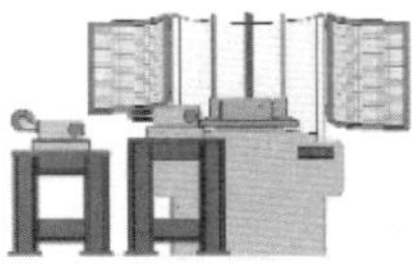	Operam a velocidades inferiores a 4 m/s. Baixa complexidade de operação. Mecânica simples e robusta. Ideais para produção de rolos acima de 5 mm e peso de acordo com a capacidade do extrator, quando não estão acoplados a bobinadores *dead-block*. Em virtude da grande interação homem × máquina, requer dispositivos que impeçam seu acionamento involuntário. Possuem uma operação com elevado número de interrupções para descarregamento, por conta da limitação do extrator, senão dispuserem de *dead-block*. Requerem muito esforço físico de seu operador.
	Multicabeças 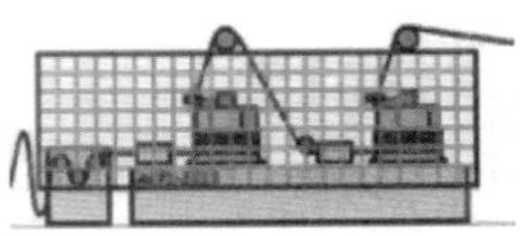	Operam a velocidades até uns 10 m/s. A possibilidade de acumulação de material nos blocos favorece o resfriamento do fio. Possuem uma complexidade maior que os monoblocos, pelo cuidado com a torção à qual o fio é submetido entre os passes. Mecânica simples e robusta. Muito boa para trefilação de aços BTC e MTC. Em virtude de grande interação homem × máquina, requer dispositivos que impeçam seu acionamento acidental. Caso possuam uma saída com extrator, vão exigir mais esforço do operador para realizar o descarregamento do material, além de dispositivos de segurança que impeçam seu acionamento indesejado. Mas se a saída tiver um bobinador, sua operação será mais tranquila e produtiva. Não é possível realizar o desligamento aleatório dos blocos durante a operação. Caso isso ocorra, o fio será torcido até romper, o que poderá expor o operador a riscos de acidente.

(*continua*)

Tabela 3.1. Tipos de blocos com acumulação (*continuação*)

Tipos de blocos	Tipos de máquinas	Especificidades
Barcro 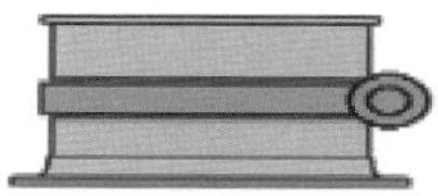 O fio é enrolado no bloco inferior no sentido anti-horário e mantido tensionado pelo sistema formado por cinta e polia de transferência. Esse sistema faz o desvio do fio e o enrola no bloco superior no sentido horário.	Multicabeças 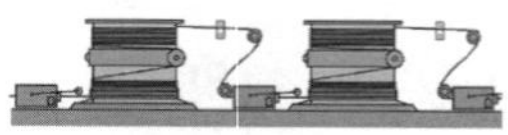	A possibilidade de acumulação de material nos blocos favorece o resfriamento do fio. O sistema não provoca torção no material. Ótima opção para trefilação de aços MTC e ATC. Para ATC necessita de ventilação forçada na base dos blocos para melhorar o resfriamento do fio. Em virtude da grande interação homem × máquina, requer dispositivos que impeçam seu acionamento involuntário. Requerem do operador um pouco mais de cuidado durante o abastecimento dos blocos, pois nesse sistema há necessidade de abastecer o bloco inferior e o superior; deve-se evitar inserir quantidades desiguais de material nesses. O sistema Barcro permite o desligamento aleatório das cabeças (blocos) caso essas estejam muito cheias de material. O sistema de freio da cinta central é um ponto de cuidado especial pela manutenção, por conta do desgaste da fita de freio do sistema.

3.2 BLOCOS SEM ACUMULAÇÃO

As primeiras máquinas de trefilar trabalhavam com velocidades fixas. À medida que a exigência dos processos cresceu, os equipamentos foram munidos de caixas de câmbio que permitiam a operação com uma pequena variação na velocidade de trabalho. Por exemplo: podíamos comprar uma trefila que operasse em três velocidades finais diferentes, bastava reposicionar as marchas nos redutores e produzir. Com o desenvolvimento da eletrônica, os controles de velocidade entre os passes, que anteriormente eram fixos, passaram a ser flexíveis, permitindo que as máquinas fossem operadas com maior liberdade. Assim, o problema da acumulação de material entre os passes ou a falta agora eram compensados pelos sistemas eletrônicos que monitoravam e sincronizavam as velocidades entre os passes. Com isso, houve um enxugamento do projeto mecânico e a racionalização do bloco.

Tabela 3.2. Tipos de blocos sem acumulação

Tipos de blocos	Tipo de máquinas	Especificidades
Simples 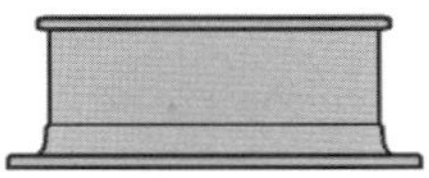 Bloco simples que apenas puxa o fio e o resfria	Laminadores a frio 	Trabalham com blocos simples. São muito rápidos, geralmente trabalhando em velocidades de até 20 m/s. No ferramental, empregam cassetes e microcassetes, com isso, o esforço e o aquecimento por atrito nas ferramentas são minimizados. Tem mecânica robusta e requer controles eletrônicos para sincronizar as velocidades entre os passes com precisão. Demandam cuidados com a manutenção da calibração entre passes, caso contrário, pode ocorrer rupturas e/ou falhas no material processado. Durante o processamento, o material não sofre torções entre os passes.
	Trefilas de alta performance 	Combinam o melhor das trefilas e dos laminadores a frio, podendo operar com diversos tipos de ferramental: fieiras (WC ou diamante), microcassetes ou cassetes. São muito rápidas e podem chegar aos 50 m/s. Requerem uma eletrônica muito apurada para sincronizar os blocos, pois não dispõe de sistema físico de compensação entre os passes, tudo é realizado por torque. Necessitam de uma boa qualidade de água de resfriamento para os blocos e ferramentas, principalmente no que se refere à temperatura de operação.

3.3 BLOCOS DE DESLIZAMENTO

Até agora só estudamos blocos que processam materiais acima de 2 mm, porém imagine como seria um bloco para trefilar fios de 0,3 mm, muito usados em cabos de aço de 1/8". A acumulação seria um grande problema em virtude do diminuto diâmetro do fio: certamente o embaraçamento do fio no bloco inviabilizaria a operação. Já com os controles eletrônicos, apesar das rápidas respostas, esbarraria com outro problema, pois teríamos a inércia dos conjuntos mecânicos (motores, redutores, polias etc.) atrapalhando o sincronismo e, por consequência, gerando a ruptura constante do fio devida aos inevitáveis trancos.

Há um outro conceito de máquina que elimina os blocos e os controles, nascida há muito tempo, mas ainda muito utilizada por sua simplicidade e rapidez. As máquinas por deslizamento nos ajudam a trefilar os fios capilares ou de diâmetros diminutos.

Tabela 3.3. Tipos de blocos por deslizamento

Tipo de bloco	Tipo de máquina	Especificidades
Cones escalonados  O fio é enrolado em poucas voltas, com o intuito de escorregar sobre a superfície dos cones, não havendo a necessidade de acúmulo de material	Trefilas via úmida 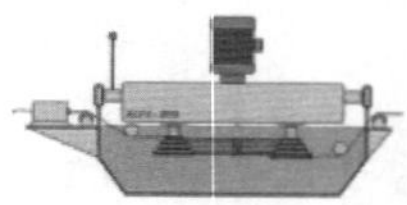	Não provocam torção no fio durante a trefilação. São rápidas, operando em até 20 m/s. Produzem fios de diâmetros capilares (~0,20 mm). Por trabalharem com o material submerso numa emulsão, promovem uma boa refrigeração. Podem ser empregadas em fios de aço ATC, MTC e BTC. Trabalham com número elevado de fieiras. Requerem cones com elevada dureza para suportar o deslizamento do fio e geralmente utilizam zircônio nos anéis dos cones.

3.4 BLOCOS COMBINADOS

Por questão de limitação de espaço e/ou orçamento, houve a combinação do bloco Otto com o cone escalonado, dando origem ao bloco combinado que, no mesmo cabrestante, possibilita a aplicação de dois passes simultâneos.

Tabela 3.4. Tipos de blocos combinados

Tipos de blocos	Tipos de máquinas	Especificidades
Bloco combinado 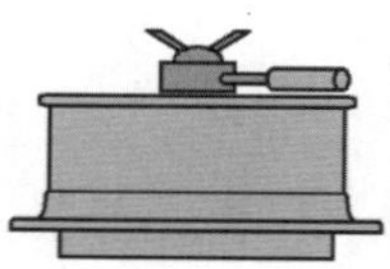 O fio é enrolado com poucas espiras no bloco inferior, com intenção que deslize, e, depois, desviado para a próxima redução e enrolado no superior onde será acumulado.	Trefilas monocabeças e multicabeças 	Operam a velocidades inferiores a 4 m/s. O bloco inferior sofre grande desgaste caso não se observe a redução básica (relação de velocidades) entre os blocos (superior e inferior) ou a relação de escorregamento. Baixa complexidade de operação. Mecânica simples e robusta. Em virtude de grande interação homem × máquina, requer dispositivos que impeçam seu acionamento involuntário. Não há torção sobre o fio entre os passes da mesma cabeça, apenas na mudança de cabrestante.

3.5 PRINCIPAIS TIPOS DE MÁQUINAS DE TREFILAR

Uma vez desenvolvidos os conceitos para os diversos tipos de blocos, agora podemos adequá-los aos requisitos para processamento do material que se deseja produzir. A seguir, listamos os equipamentos mais comuns por princípio de funcionamento (com e sem deslizamento) e tipo de lubrificação utilizada (seca ou úmida).

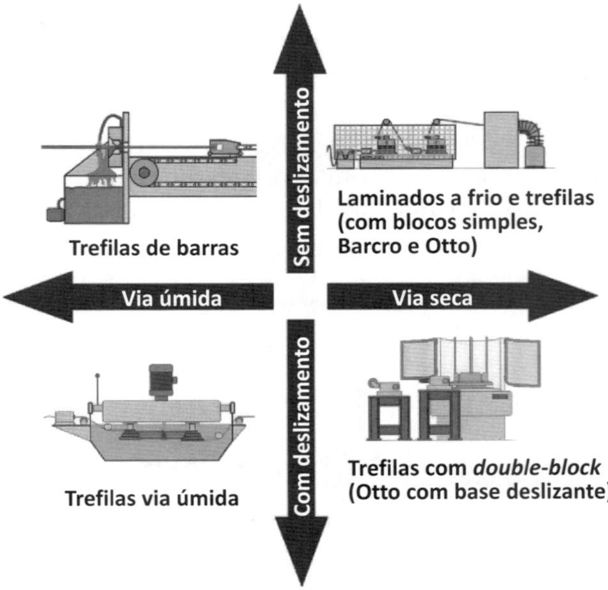

Figura 3.3. Tipos de máquinas de trefilar.

3.5.1 TREFILAS DE BARRAS

As trefilas de barras são máquinas que se destinam a aplicar, em geral, um passe de acabamento que pode variar de 2 a 5 mm para reduzir os defeitos superficiais das barras e calibrar o seu diâmetro.

Podem processar uma ou mais barras simultaneamente e trabalham em paralelo com equipamentos de endireitar que corrigem falhas na retilineidade da barra. A retilineidade é medida pela flecha que o material forma com um plano reto, essa diferença pode variar, geralmente, de 0 a 5 mm/m, conforme a exigência do cliente.

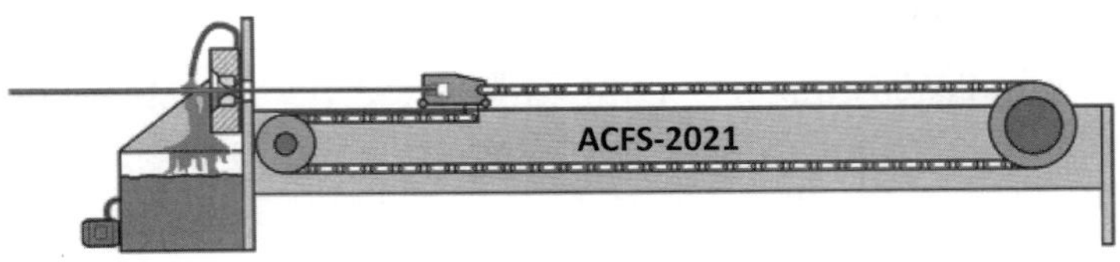

Figura 3.4. Banca de trefilar barras.

O alinhamento da barra pode ser feito em mesas de rolos, muito empregadas em barras menores que 20 mm ou em barras com perfis específicos (quadrada, sextavado etc.).

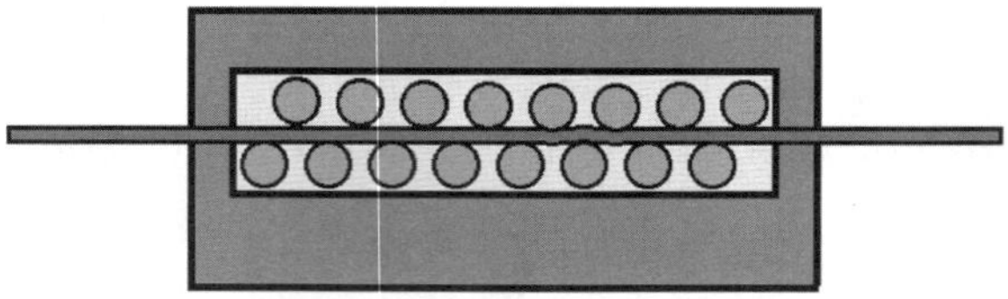

Figura 3.5. Endireitador por roletes.

O sistema de alinhamento de barras mais empregado em perfis redondos com diâmetros superiores a 15 mm é o de rolos hiperbólicos cruzados. Nesse sistema, podemos endireitar o material com grande precisão e obter um acabamento superficial espelhado.

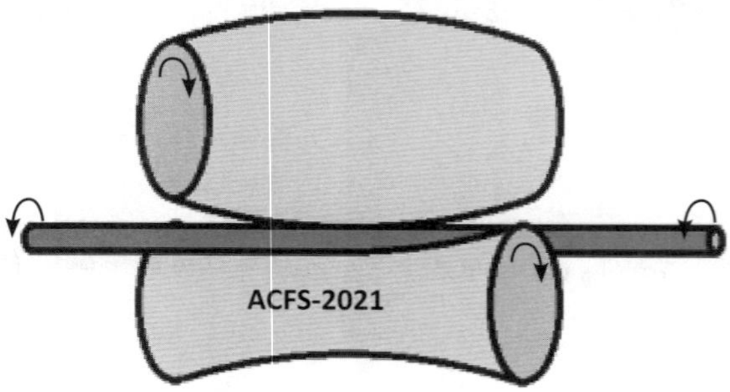

Figura 3.6. Endireitamento por rolos cruzados.

Quando as bancadas trabalham com barras abaixo de 15 mm é frequente o uso de FM como matéria-prima. Nesse caso, o material pode ser decapado quimicamente, mas é comum o uso de decapagem por jateamento com granalha.

3.5.2 TREFILAS DE VIA ÚMIDA

As trefilas de via úmida geralmente são empregadas quando se deseja produzir fios capilares, ou seja, com diâmetros menores que 1 mm. São máquinas rápidas que podem chegar facilmente a 20 m/s ou mais, porém necessitam de um rigoroso controle dos diâmetros das ferramentas, caso contrário ocorrerão interrupções do processo principalmente por quebra de arame.

As trefilas úmidas costumam ter vários passes e, por trabalhar com fios muito finos, requerem uma menor redução por passe, reduzindo a possibilidade de rompimento do fio.

São máquinas compactas e é muito comum encontrar equipamentos providos com 1 passe seco na entrada e 7 ou mais passes úmidos e, por fim, um de acabamento (*skin-pass*), onde também ajustamos o *cast* × *helix* do material. Veremos esses requisitos mais adiante no capítulo sobre endireitamento do produto.

Nesses equipamentos, a maior parte das ferramentas e do material é processada em meio a uma solução que tem função lubrificante e dissipadora de calor.

Costuma-se usar fieiras com núcleo de diamante artificial mono ou policristalino nesse tipo de máquina, em razão da sua grande resistência a abrasão e durabilidade. Nas trefilas de via úmida o fio desliza na superfície dos cones escalonados, gerando muito atrito e, por fim, calor, por isso o sistema é todo submerso numa solução lubrificante – para minimizar o atrito – e refrigerante – dissipar o calor.

Os cones podem ser de aço revestido com carbeto de tungstênio ou algum tipo de cerâmica. É muito frequente encontrar cones revestidos com zircônio.

Em virtude do elevado atrito com o material, há necessidade de se considerar a manutenção periódica dos cones, garantindo que o processo de trefilação ocorra sem trancos e possíveis quebras de fio.

O produto oriundo desse tipo de máquina tem um acabamento espelhado, ou seja, não possui camada residual de lubrificante que o proteja, assim, requer aplicação de produto protetivo para evitar sua oxidação caso ele seja estocado por longos períodos.

Algumas máquinas de via úmida apresentam um passe seco incorporados à saída, onde, geralmente, aplicamos um lubrificante seco ou pasta, que confere um pouco de resistência à oxidação ao produto acabado.

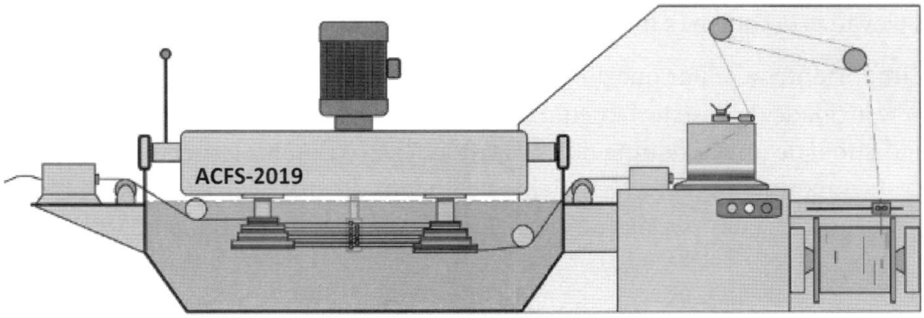

Figura 3.7. Trefila por via úmida.

3.5.3 TREFILAS MONOBLOCO

Os monoblocos são trefilas que possuem apenas um bloco onde o fio é tracionado e acumulado. São muito simples e requerem baixa manutenção.

Alguns monoblocos vêm equipados com *double-block*, que possibilita realizar até 2 passes simultaneamente, por meio de uso de blocos combinados.

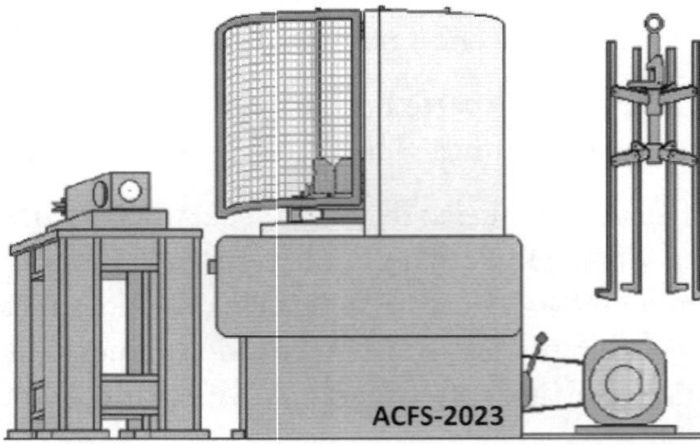

Figura 3.8. Trefila monobloco.

É comum encontrar monoblocos operando em paralelo com bobinadores *dead-block*, elevando sua produção, pois não há necessidade de parar o equipamento para retirar o produto acabado.

3.5.4 TREFILAS MULTICABEÇAS

O uso de máquinas monobloco é limitado a um ou dois passes no mesmo bloco, mas se houver necessidade de mais passes para atingir a deformação desejada, faz-se necessário o uso de máquinas multicabeças. Nelas, é possível realizar deformações mais elevadas do que nos monoblocos, além de serem mais rápidas.

É importante salientar que quanto maior for a velocidade final de uma trefila, maior será a velocidade de desenrolamento do FM, e isso é um dos maiores limitadores de velocidade final de uma máquina de trefila, pois, caso o desenrolamento do fio seja muito rápido (acima de 5 m/s), haverá o chicoteamento do material, que pode trazer sérios riscos à segurança das pessoas e ainda elevar as quebras do fio por embaraçamento.

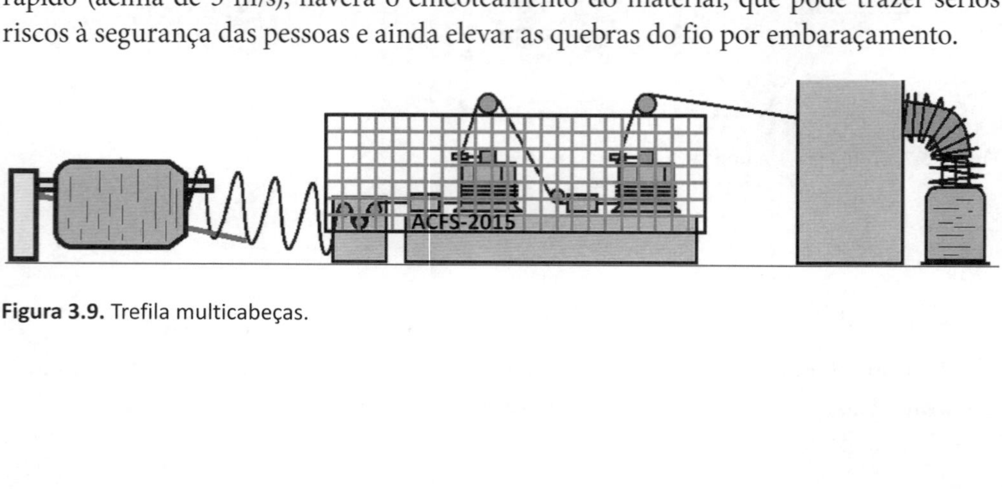

Figura 3.9. Trefila multicabeças.

CAPÍTULO 4

Cálculos envolvidos na trefilação

Uma das principais características físicas afetadas pela deformação é a resistência mecânica à tração do material. A seguir, podemos ver o quanto a resistência é afetada pela deformação para diferentes tipos de aços com teores de carbono variados:

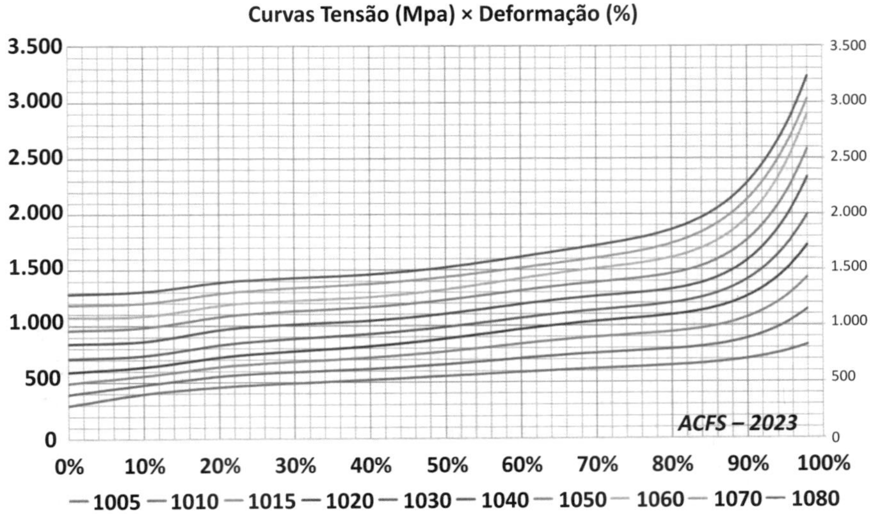

Figura 4.1. Curva tensão × deformação.

4.1 REDUÇÃO DE ÁREA

O processo de trefilação ocorre nas ferramentas que irão deformar o material conforme nossas necessidades. Operacionalmente, isso não requer cálculos muito elaborados, porém a inobservância a esses pode inviabilizar o processo de forma importante, gerando rupturas de material e outros problemas.

Sendo assim, vamos abordar de forma bem simples os principais cálculos envolvidos com o processo, sempre tentando racionalizá-los ao máximo e, quando forem muito complexos, disponibilizaremos tabelas que facilitarão a vida do trefilador (ver tabelas de apoio no final deste livro).

A equação mais utilizada na trefila é a de redução de área, que representa o quanto o material está sendo deformado:

Redução (%) = (1 – (Af / Ai)) * 100

Af – área final do material

Ai – área inicial do material

Para simplificar a vida de quem trabalha com fios de seção circular, adaptamos a fórmula anterior:

Redução = (1 – ((DF / DI) ^ 2) * 100 [%]

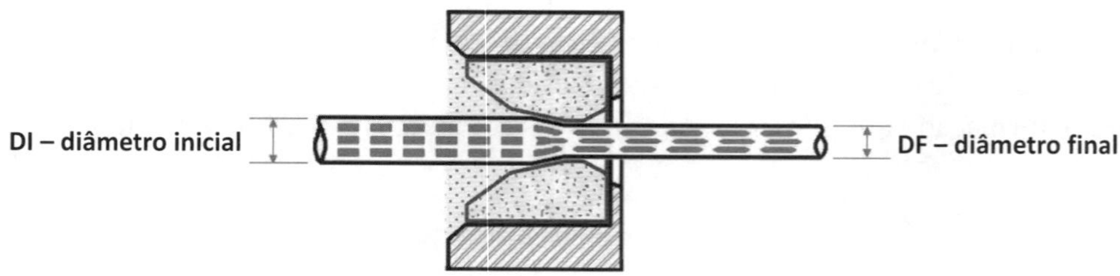

Figura 4.2. Detalhe de passe trefilação.

i) Por exemplo:

DI = 6,30 mm e DF = 5,60 mm:

Redução = 1 – ((5,60 / 6,30) ^ 2) * 100 = 20,988%

Quando desejamos saber a redução total que o material está sendo submetido ao final de *n* passes, não se procede com a soma das reduções dos passes individualmente, utilizamos, então, o diâmetro do material ao entrar na máquina e o seu diâmetro final ao sair do equipamento, independentemente do número de passes aplicados. Esse valor é conhecido como redução total.

Redução total ≠ redução passe 1 + redução passe 2 + ... + redução passe *n*

4.2 REDUÇÃO LOGARÍTMICA OU VERDADEIRA

O cálculo da redução menos empregado, porém mais preciso e que ainda permite somar os passes intermediários é aquele que leva em consideração o uso de logaritmo natural, porém no chão de fábrica seu uso e compreensão é mais difícil.

Redução verdadeira = 2 * ln (DI / DF) * 100 [%]

O percentual de redução verdadeira geralmente difere do resultado encontrado na redução de área aritmética. A seguir, exemplo da deformação calculada pelos dois métodos:

ii) Para reduzir um fio-máquina de diâmetro 6,30 mm para um arame de diâmetro final 2,04 mm, qual é a redução total de área e a verdadeira?

Substituindo os valores nas equações vistas, temos os seguintes resultados:

DI = 6,30 mm e DF = 2,04 mm

Redução de área total = 1 – ((2,04 / 6,30) ^ 2) * 100 = 89,5 %

Redução verdadeira = 2 * ln (6,30 / 2,04) * 100 = 225,5 %

4.3 REDUÇÃO BÁSICA

As máquinas de trefilar dispõem de blocos onde o fio é tracionado e esses giram a velocidades diferentes para compensar a redução na seção dos fios, conforme vemos na figura a seguir. Atribuiremos algumas grandezas para melhorar o entendimento.

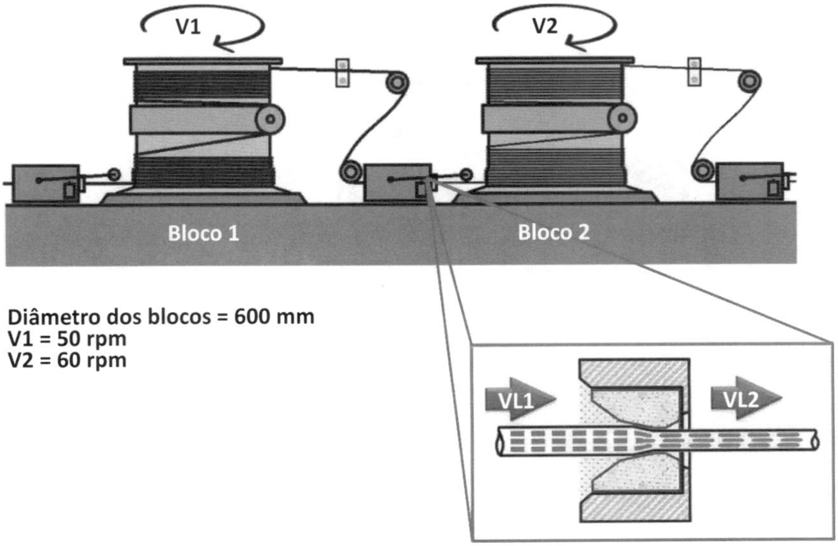

Figura 4.3. Detalhe de trefila com blocos Barcro.

Para encontrarmos a redução mínima conforme as três situações que ilustramos no contexto do item 3.1. Blocos com acumulação no Capítulo 3, precisaremos determinar qual é a redução básica do equipamento. Para tanto, precisamos proceder como ensinam os itens a seguir:

iii) Calcular o perímetro (2P) dos blocos de preferência e usar as medidas em metros. Assim, teremos:

2P = Diâmetro do bloco * π

2P = (600 / 1.000) * 3,1415 = 1,88 m

iv) Determinar a velocidade linear (VL) do fio por bloco. Para isso, utilizamos a fórmula a seguir que nos apresentará o resultado em m/s:

Velocidade linear (VL) = RB * 2P / 60 [m/s]

RB – rotação do bloco (rpm)

Assim, teremos as seguintes velocidades por blocos:

Bloco 1 = VL1 = 50 rpm * 1,88 = 1,57 m/s.

Bloco 2 = VL2 = 60 rpm * 1,88 = 1,88 m/s.

VL1 – velocidade linear na entrada da ferramenta (m/s)

VL2 – velocidade linear na saída da ferramenta (m/s)

v) De posse das velocidades dos blocos, podemos calcular a redução básica da máquina de trefilar aplicando a seguinte equação:

Redução básica = (1 – (VL1 / VL2)) * 100 [%]

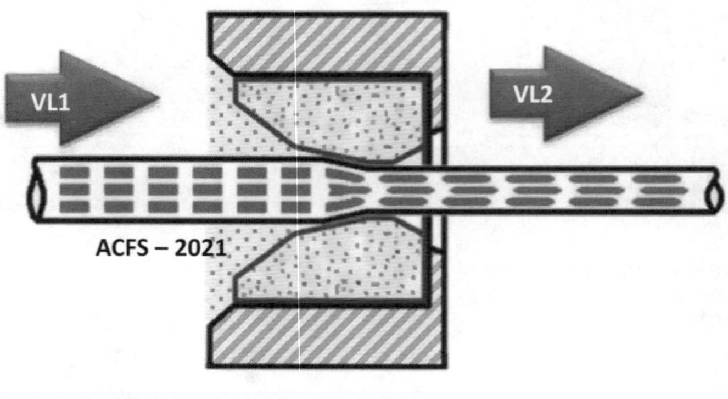

Figura 4.4. Relação de velocidades antes e depois da ferramenta.

Substituindo os valores teremos:

Redução básica = ((1,88 / 1,57) – 1) * 100 = 16,5%

Ou seja, conforme o exemplo: qualquer redução praticada entre os blocos 01 e 02, abaixo da redução básica encontrada (16,5%), provocará o tracionamento do fio e posterior quebra do mesmo por tração na saída da fieira.

Em blocos combinados, a observação da redução básica é extremamente importante. Caso não seja respeitada, o processo nem se inicia.

Redução básica (%) = (1 - (Diâm. bloco inferior / Diâm. bloco superior)) * 100

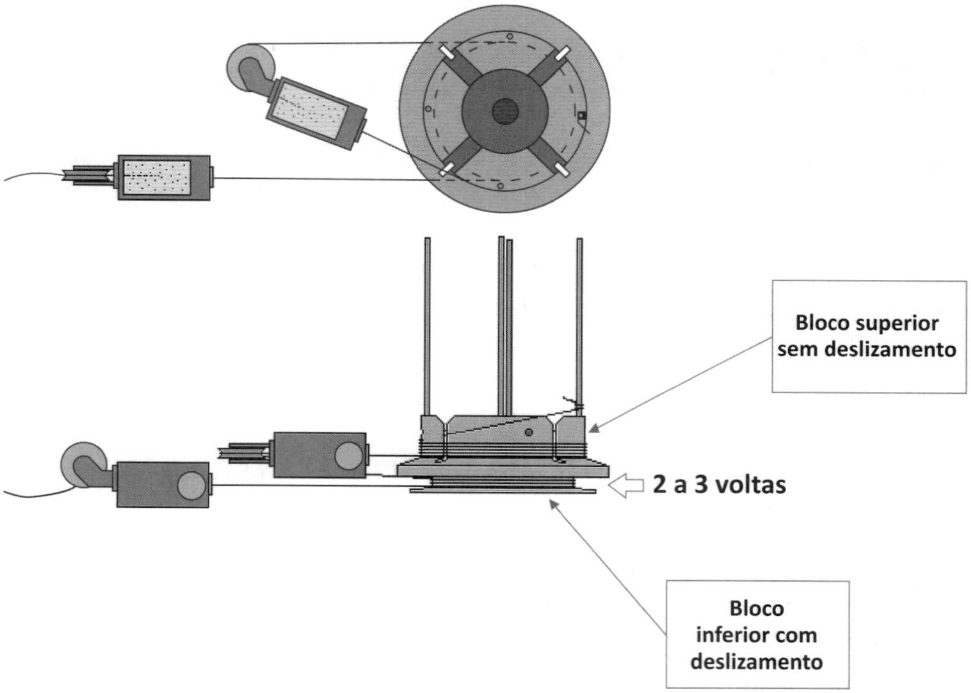

Figura 4.5. Detalhe de montagem de passes combinados.

Como as trefilas de via úmida trabalham por deslizamento, também tem a sua redução básica calculada de forma análoga ao procedimento adotado em blocos combinados. A seguir, um exemplo para determinar redução básica de uma via úmida.

$$\text{Redução (\%)} = 1 - \frac{\text{(Roldana x * rpm eixo)}}{\text{(Roldana x+1 * rpm eixo)}} * 100$$

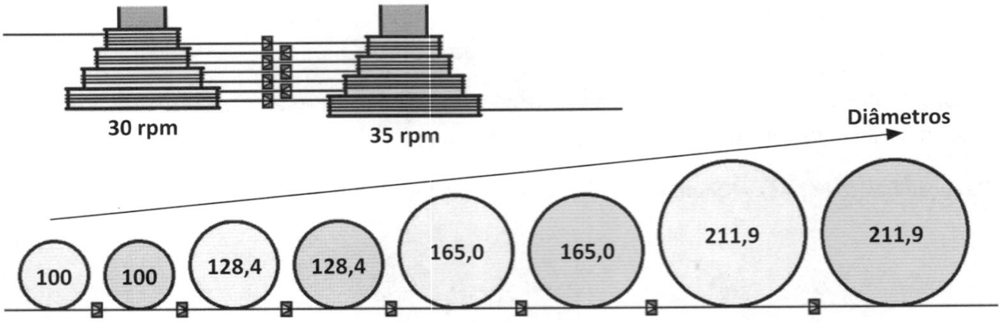

Rold. 1	rpm	Rold. 2	rpm	Rold. 3	rpm	Rold. 4	rpm	Rold. 5	rpm	Rold. 6	rpm	Rold. 7	rpm	Rold. 8	rpm
100	30	100	34	128,4	30	128,4	34	165,0	30	165,0	30	211,9	30	211,9	34

11,8% 11,8% 11,8% 11,8% 11,8% 11,8% 11,8%

Redução por passe

Figura 4.6. Dimensionamento da redução básica em vias úmidas.

4.4 DIMENSIONAMENTO DO JOGO DE FERRAMENTAS (CALIBRAÇÃO)

O dimensionamento da calibração de ferramentas não é algo difícil. A seguir, descrevemos os procedimentos necessários para determinação do jogo de ferramentas a ser utilizado através de um exemplo.

Dispomos de uma trefila de 9 passes e precisamos reduzir um fio-máquina SAE-1065 de diâmetro 6,30 mm ao diâmetro final de 2,04 mm, que possui uma redução básica entre passes de 16%. Qual é a redução média por passe e a sequência de diâmetros das ferramentas?

i) Primeiramente, vamos determinar a redução total de área que o material será submetido:

   Redução de área = 1 – ((2,04 / 6,30) ^ 2) * 100 = 89,515 %

ii) Para determinar a faixa adequada de trabalho, precisamos conhecer a redução básica da máquina, que vamos atribuir 16%. Caso não a conheçamos, podemos usar o procedimento descrito no item sobre redução básica, citado anteriormente.

iii) Não é uma regra, mas sempre trabalhei com a redução máxima de 30% em passes intermediários. Aplicando a equação abaixo encontramos a faixa que recomendo trabalhar:

Faixa de trabalho = (redução máxima – redução básica) / 2

Substituindo os valores, teremos:

Faixa de trabalho = (30% – 16%) / 2 = 22,5% é uma redução de trabalho adequada, mas a essa redução pode ser maior, se necessário, e ainda deve ser mantida menor que os 30% recomendados como limite.

Ou seja, se a redução variar entre 16% e 22,5%, o material será processado com pouco risco de ruptura e o equipamento trabalhará dentro de uma faixa segura de uso.

iv) Para encontrar a redução por passe adequada que ocupe todos os passes da máquina, usamos a tabela a seguir.

Tabela 4.1. Determinação da redução por passe

Redução total da área	Número de passes														
	1	2	3	4	5	6	7	8	9	10	11	12	13	14	15
10%	10%	5%	3%	3%	2%	2%	1%	1%	1%	1%	1%	1%	1%	1%	1%
12%	12%	6%	4%	3%	3%	2%	2%	2%	1%	1%	1%	1%	1%	1%	1%
14%	14%	7%	5%	4%	3%	2%	2%	2%	2%	1%	1%	1%	1%	1%	1%
16%	16%	8%	6%	4%	3%	3%	2%	2%	2%	2%	2%	1%	1%	1%	1%
18%	18%	9%	6%	5%	4%	4%	3%	2%	2%	2%	2%	2%	2%	1%	1%
20%	20%	11%	7%	5%	4%	4%	3%	3%	2%	2%	2%	2%	2%	2%	1%
22%	22%	12%	8%	6%	5%	5%	3%	3%	3%	2%	2%	2%	2%	2%	2%
24%	24%	13%	9%	7%	5%	5%	4%	3%	3%	3%	2%	2%	2%	2%	2%
26%	26%	14%	10%	7%	6%	5%	4%	4%	3%	3%	3%	2%	2%	2%	2%
28%	28%	15%	10%	8%	6%	5%	5%	5%	4%	4%	3%	3%	2%	2%	2%
30%	30%	16%	11%	9%	7%	6%	5%	4%	4%	4%	3%	3%	3%	3%	2%
32%	32%	18%	12%	9%	7%	6%	5%	5%	4%	4%	3%	3%	3%	3%	3%
34%	34%	19%	13%	10%	8%	7%	6%	5%	5%	4%	4%	3%	3%	3%	3%
36%	36%	20%	14%	11%	9%	7%	6%	5%	5%	4%	4%	4%	3%	3%	3%
38%	38%	21%	15%	11%	9%	8%	7%	6%	5%	5%	4%	4%	4%	3%	3%
40%	40%	23%	16%	12%	10%	8%	7%	6%	6%	5%	5%	4%	4%	4%	3%
42%	42%	24%	17%	13%	10%	9%	7%	7%	6%	5%	5%	4%	4%	4%	4%
44%	44%	25%	18%	13%	11%	9%	8%	7%	6%	6%	5%	5%	4%	4%	4%
46%	46%	27%	19%	14%	12%	10%	8%	7%	7%	6%	5%	5%	5%	4%	4%
48%	48%	28%	20%	15%	12%	10%	9%	8%	7%	6%	6%	5%	5%	5%	4%
50%	50%	29%	21%	16%	13%	11%	9%	8%	7%	7%	6%	6%	5%	5%	5%
52%	52%	31%	22%	17%	14%	12%	10%	9%	8%	7%	6%	6%	5%	5%	5%
54%	54%	32%	23%	18%	14%	12%	11%	9%	8%	7%	7%	6%	6%	5%	5%

(*continua*)

Tabela 4.1. Determinação da redução por passe (*continuação*)

Redução total da área	Número de passes														
	1	2	3	4	5	6	7	8	9	10	11	12	13	14	15
56%	56%	34%	24%	18%	15%	13%	11%	10%	9%	8%	7%	7%	6%	6%	5%
58%	58%	35%	25%	19%	16%	13%	12%	10%	9%	8%	8%	7%	6%	6%	6%
60%	60%	37%	26%	20%	17%	14%	12%	11%	10%	9%	8%	7%	7%	6%	6%
62%	62%	38%	28%	21%	18%	15%	13%	11%	10%	9%	8%	8%	7%	7%	6%
64%	64%	40%	29%	23%	18%	16%	14%	12%	11%	10%	9%	8%	8%	7%	7%
66%	66%	42%	30%	24%	19%	16%	14%	13%	11%	10%	9%	9%	8%	7%	7%
68%	68%	43%	32%	25%	20%	17%	15%	13%	12%	11%	10%	9%	8%	8%	7%
70%	70%	45%	33%	26%	21%	18%	16%	12%	13%	11%	10%	10%	9%	9%	8%
72%	72%	47%	35%	27%	22%	19%	17%	15%	13%	12%	11%	10%	9%	9%	8%
74%	74%	49%	36%	29%	24%	20%	18%	15%	14%	13%	12%	11%	10%	9%	9%
76%	76%	51%	38%	30%	25%	21%	18%	16%	15%	13%	12%	11%	10%	10%	9%
78%	78%	53%	40%	32%	26%	22%	19%	17%	15%	14%	13%	12%	11%	10%	10%
80%	80%	55%	42%	33%	28%	24%	21%	18%	16%	15%	14%	13%	12%	11%	10%
82%	82%	58%	44%	35%	29%	25%	22%	19%	17%	16%	14%	13%	12%	12%	11%
84%	84%	60%	46%	37%	31%	26%	23%	20%	18%	17%	15%	14%	13%	12%	12%
86%	86%	63%	48%	39%	33%	28%	24%	22%	20%	18%	16%	15%	14%	13%	12%
88%	88%	65%	51%	41%	35%	30%	26%	23%	21%	19%	18%	16%	15%	14%	13%
90%	90%	68%	54%	44%	37%	32%	28%	25%	23%	21%	19%	17%	16%	15%	14%
92%	92%	72%	57%	47%	40%	34%	30%	27%	24%	22%	21%	19%	18%	17%	15%

Nesse exemplo, a redução recomendada por passe é de 23% (9 passes × 90% redução total), ou seja, muito próxima ao limite máximo de trabalho (22,5%) que determinamos, e ainda é menor que o limite máximo por passe (30%) para aços. Porém, caso a redução encontrada por passe fique abaixo da redução básica (16%), o mais recomendado é que trabalhemos com um passe a menos no equipamento, ou seja, 8 passes, assim teríamos que utilizar uma redução média por passe de 25%, isso não traria problemas, pois ainda está abaixo dos 30% recomendado.

v) Agora que temos a redução por passe (23%), podemos dimensionar o jogo de ferramentas. Em geral, fazemos da bitola de saída para a imediatamente anterior; para aplicar a redução na fórmula ela deve estar na forma decimal (23% = 0,23)

DI = DF / √ (1 – redução por passe)

Assim, teremos:

Diâmetro de saída = 2,04 mm (bitola do passe de saída)

DI = 2,04 / √ (1 – 0,23) = 2,31 mm (bitola do passe anterior)

Agora, determinamos a constante (k) básica do plano de passes:

k = 2,31 / 2,04 = 1,1324

Por fim, é só multiplicar o diâmetro encontrado por *k* e, assim, encontrar a ferramenta imediatamente anterior.

Diâmetro passe 9			2,04
Diâmetro passe 8			2,31
Diâmetro passe 7	1,1324	* 2,31 =	2,62
Diâmetro passe 6	1,1324	* 2,62 =	2,96
Diâmetro passe 5	1,1324	* 2,96 =	3,35
Diâmetro passe 4	1,1324	* 3,35 =	3,81
Diâmetro passe 3	1,1324	* 3,81 =	4,31
Diâmetro passe 2	1,1324	* 4,31 =	4,89
Diâmetro passe 1	1,1324	* 4,89 =	5,53

Agora dispomos dos respectivos diâmetros de cada uma das nove ferramentas que compõem a calibração para reduzir o fio-máquina de 6,30 mm para o diâmetro final de 2,04 mm.

Esse procedimento pode gerar uma redução de área diferente da planejada no passe 1, que recebe o fio-máquina, mas isso não é problema desde que essa redução não exceda 35%, pois pode gerar quebras por tração na saída da ferramenta, ou ficar abaixo de 10%, o que dificulta a aderência do lubrificante nesse passe. Caso haja alguma dessas condições, procedemos o redimensionamento do jogo com um passe a menos.

CAPÍTULO 5
Trefilando o material

Finalmente! Após tanta teoria, agora vamos "colocar a mão na massa" e trefilar. Para que o material seja processado, há uma série de cuidados aos quais devemos nos atentar para evitar a interrupção da produção. Sendo assim, vamos subdividir o processo de trefilação em etapas e detalhar cada uma para explorar os cuidados em cada momento do processo, reduzindo a ocorrência de falhas, perdas de material e reduzir a exposição das pessoas a condições inseguras. Após todos esses cuidados, garanto que vamos ter um processamento tranquilo do aço.

Descreveremos desde a alimentação do equipamento, os cuidados com o material e as ferramentas, falaremos um pouco dos requisitos de qualidade e, por fim, abordaremos alguns controles e modos de falhas comuns ao processo de trefilar com suas respectivas tratativas.

5.1 MANUSEIO DA MATÉRIA-PRIMA (*HANDLING*)

Durante a trefilação podem ocorrer problemas como quebras ou embaraçamentos. Esses eventos causam perdas de performance que poderiam ser evitadas tomando alguns cuidados básicos com o manuseio da matéria-prima antes do abastecimento da máquina. A seguir, listamos alguns cuidados:

- A estocagem deve ser de preferência em local coberto e sob piso nivelado, dessa forma, preservamos a qualidade da camada de óxido (carepa) proveniente da laminação, principalmente se o processo de remoção for mecânico, pois quando a carepa se transforma em ferrugem (óxido vermelho) a decapagem mecânica não consegue removê-la de forma adequada. Nesse caso, o material deve ser submetido a decapagem química. Outro ponto: se o material estiver molhado, a camada de óxido não se desprenderá do metal-base e provocará sérios danos ao ferramental da máquina de trefilar.
- Com um piso nivelado, reduzimos o risco de desmoronamento das pilhas de material estocado, possíveis danos ao material e acidentes com pessoas. É importante sempre calçar (escorar) bem as bobinas do primeiro nível da pilha para evitar o deslocamento dessas.
- A identificação do material é sua certidão de nascimento. Com ela, garantimos que o processo está sendo abastecido com a matéria-prima adequada ao projeto, e, caso ocorram falhas durante o processamento ou no produto, por meio de rastreabilidade dos dados da etiqueta, podemos chegar aos elementos que constituíram a matéria-prima, melhorando nossa análise da falha.
- Correta identificação da "cabeça e cauda" do rolo de FM. É significativa a diferença do número de embaraçamentos de material ao desenrolá-lo por uma dessas posições, fazendo-se necessário testar alguns rolos sendo desenrolados pela cauda e outros pela cabeça. Assim, será possível identificar a melhor opção de uso. Isso pode variar entre os fornecedores do FM.
- Se possível, evite estocar o material sobre o piso sem pavimento para evitar que a umidade do solo converta a carepa em ferrugem, que é mais difícil de remover na decapagem mecânica.
- Manter o prumo da face das pilhas evita o tombamento.

5.1.1 DANOS MAIS COMUNS À MATÉRIA-PRIMA DURANTE MANUSEIO

Em geral, durante o transporte e a estocagem, a matéria-prima sofre eventuais danos. Infelizmente, esses problemas provocam perdas durante o processo de trefilação. A seguir, os danos mais comuns:

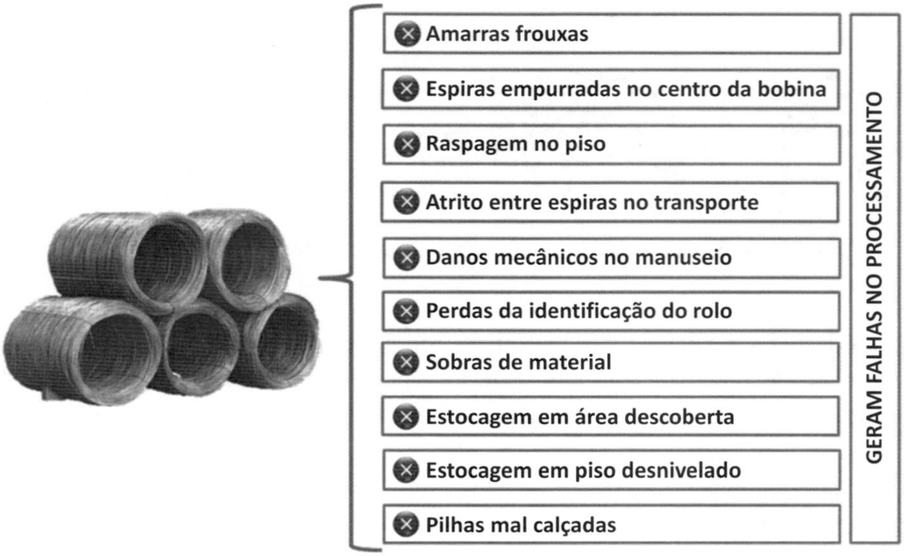

Figura 5.1. Danos mais comuns ao fio-máquina.

5.1.2 DISPOSITIVOS PARA MOVIMENTAÇÃO

A depender do meio de movimentação, os dispositivos de içamento variam. A seguir, os mais utilizados nas trefilas:

- Para ponte rolante usamos cintas ou ganchos tipo 'C'.

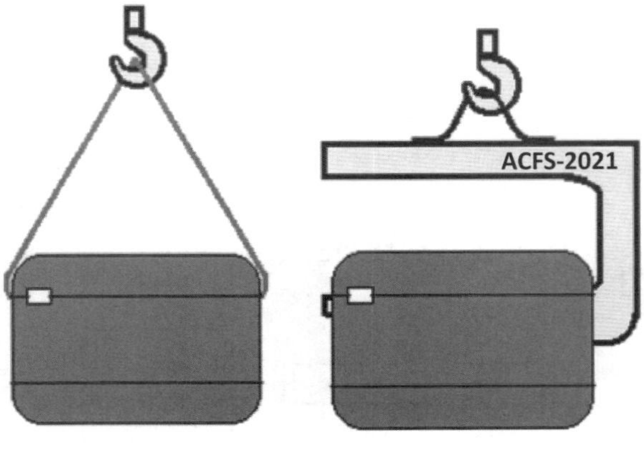

Figura 5.2. Dispositivos de movimentação de fio-máquina para pontes rolantes.

- Para empilhadeiras, os dispositivos mais empregados são os próprios garfos da máquina ou aríetes adaptados à torre da máquina ou aos garfos. É muito importante que os dispositivos em contato com o FM estejam protegidos para evitar danos superficiais ao material, por isso é comum utilizar os aríetes emborrachados.

Figura 5.3. Dispositivos de movimentação de fio-máquina para empilhadeiras.

O uso desses acessórios deve ser submetido ao fornecedor da máquina, para que sejam analisados e não provoquem o deslocamento do baricentro do equipamento, prevenindo condições inseguras para a operação ou danos ao maquinário.

5.2 ABASTECIMENTO

A entrada do material na máquina pode se dar por dois tipos de alimentadores (*pay-offs*):

- Mesa de alimentação, se a matéria-prima for composta de barras laminadas, que permite depositar, acomodar e selecionar o material para retirar barras danificadas. A operacionalização dessa mesa, dependendo da bitola do material ou mecanização da máquina, pode ser automatizada ou manual.
- Desbobinadores são empregados para desenrolar os rolos de fio-máquina e/ou fios.

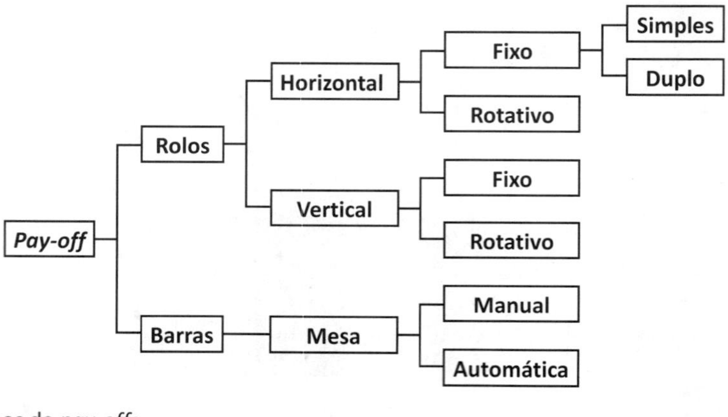

Figura 5.4. Tipos de *pay-offs*.

Um ponto muito importante que deve ser observado no projeto de instalação de uma máquina de trefilar é a distância entre o *pay-off* e a máquina, principalmente se o sistema for do tipo *pay-off* horizontal: quanto mais distante da trefila, melhor. Recomendamos no mínimo 8 m, mas se a máquina operar a velocidades superiores a 3 m/s, será necessária uma distância maior. Posicionado a meia distância entre o *pay-off* e a máquina, devemos inserir um dispositivo para detecção de embaraçamentos, assim, o equipamento será desligado sem que o material emaranhado atinja a máquina, reduzindo a quebra do fio.

A seguir, listamos as principais vantagens e desvantagens de cada tipo.

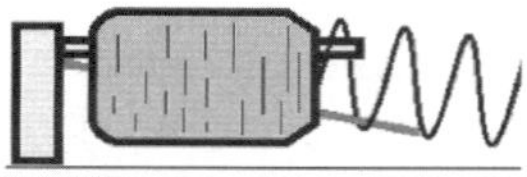

	Pay-off			
	Horizontal		Vertical	
	Fixo	Rotativo	Fixo	Rotativo
Custo de aquisição	✓✓✓	✓	✓✓	✓
Custo de manutenção	✓✓✓	✓	✓✓	✓✓
Reduz embaraçamento do fio	✓	✓✓✓	✓✓	✓✓✓
Reduz torção no fio	✗	✓✓✓	✗	✓✓✓
Facilidade de uso	✓✓✓	✓✓	✓✓✓	✓✓✓
Velocidade puxada até 5 m/s	✓	✓✓	✓✓✓	✓✓✓
Uso em ATC/MTC	✓	✓✓✓	✓✓✓	✓✓✓

Figura 5.5. Comparativo de *pay-offs*.

5.2.1 *PAY-OFF* HORIZONTAL

Vamos nos deter mais nos detalhes dos *pay-offs* para rolos, pois demandam mais cuidados e podem comprometer o desempenho do processo caso não estejam adequados.

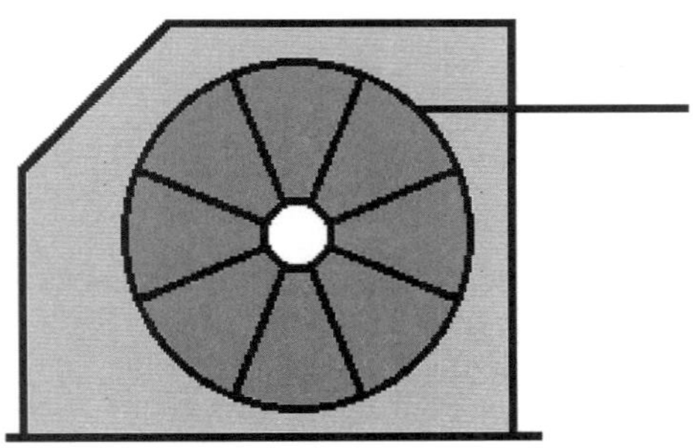

Figura 5.6. *Pay-off* horizontal.

Desbobinador fixo

Os desbobinadores horizontais fixos são os mais comuns para trefilação de aço BTC a velocidades abaixo de 4 m/s, são simples de construir e não requerem manutenções frequentes.

Em geral, utilizamos dois desses por máquina de trefilar, pois enquanto o equipamento puxa o material de um dos *pay-offs*, o outro está disponível para abastecimento e execução da solda.

Para melhorar sua utilização, é possível incluir na sua estrutura alguns acessórios que reduzem os embaraçamentos das espiras:

- Serrote é uma estrutura que adaptamos na ponta do *pay-off* com o intuito de frear a puxada de várias espiras simultaneamente.
- Barra falsa colocada sob o suporte principal para que as espiras tenham seu movimento contido e evitar que embaracem também reduz o efeito do chicoteamento.
- Barra contrapeso colocada acima do material para reduzir o arraste acidental de várias espiras simultaneamente. Possui um peso que desliza sobre ela para aumentar ou reduzir sua pressão sobre o material.
- Raquete ou varão colocado dentro dos rolos para tensionar as espiras contra o serrote.
- Tapete de borracha que evita o dano às espiras ao tocar o piso.

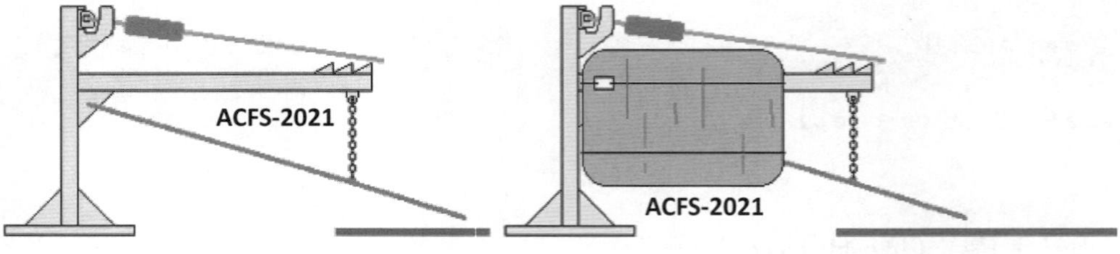

Figura 5.7. *Pay-off* horizontal fixo simples.

Desbobinador de barra suspensa

Este *pay-off* possui uma viga suspensa por braços articulados que se deslocam de acordo com o consumo do material. É muito empregado em materiais com diâmetros acima de 10 mm.

Apesar de ter a vantagem de ser um processo de desenrolamento contínuo, esse dispositivo causa torção no material.

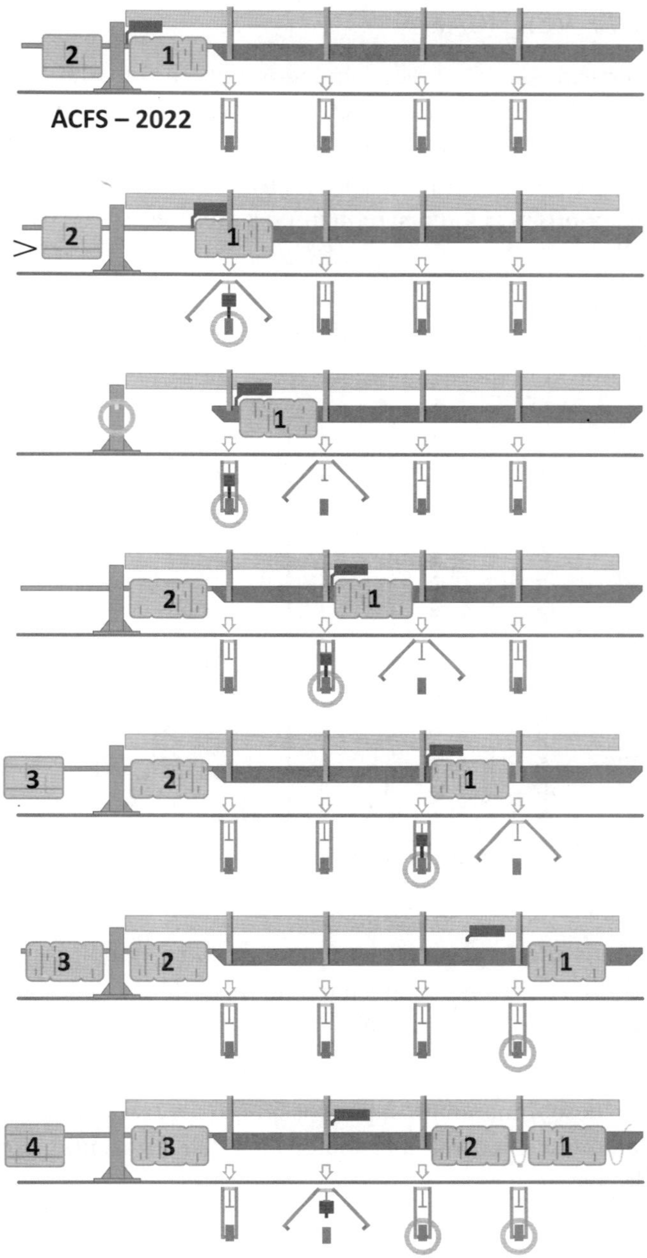

Figura 5.8. *Pay-off* horizontal de barra flutuante.

Desbobinador horizontal rotativo

Os desbobinadores horizontais rotativos são mais empregados em fios grossos acima de 12 mm e com baixa velocidade. Esse tipo de *pay-off* não gera torção no fio.

5.2.2 *PAY-OFF* VERTICAL

Os *pay-offs* verticais são mais recomendados a quem trabalha com velocidades de trefilação acima dos 3 m/s, são mais caros, porém oferecem um menor risco de embaraçamentos do fio durante o desbobinamento. São ótimos para desenrolar fios de BTC, MTC ou ATC e podem ser instalados a distâncias menores da máquina de trefila, diferente dos *pay-offs* horizontais, reduzindo a área necessária para instalar a linha completa de trefila.

A eficiência do *pay-off* vertical é proporcional à sua altura, quanto mais elevada a torre, melhor para o processo de desenrolamento do fio. Na prática, recomenda-se torres de, no mínimo, 6 m de altura.

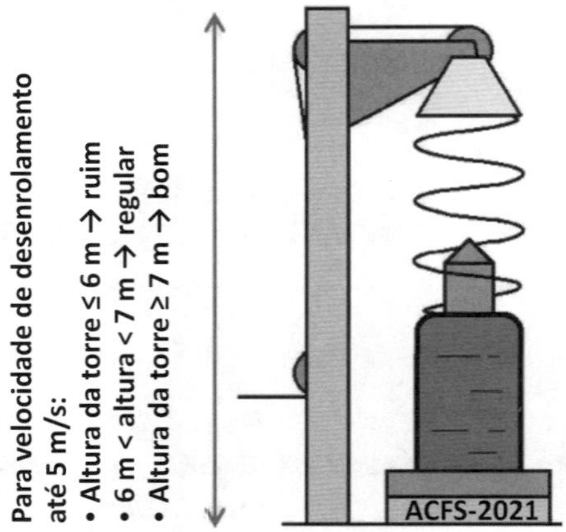

Figura 5.9. Recomendação de altura para *pay-offs* verticais.

Há *pay-offs* mais modernos com sistemas de pára-embôlo que atuam quando ocorre algum enrosco com a MP depositada no *finger* ("dedo" ou estocador onde depositamos o material a ser desenrolado).

- *Finger* fixo, esse *pay-off* tem uma limitação de velocidade de tiro, caso a velocidade de desbobinamento supere os 5 m/s, ocorrerão mais embaraçamentos do fio, além de chicotear com maior facilidade, trazendo riscos para a segurança das pessoas.

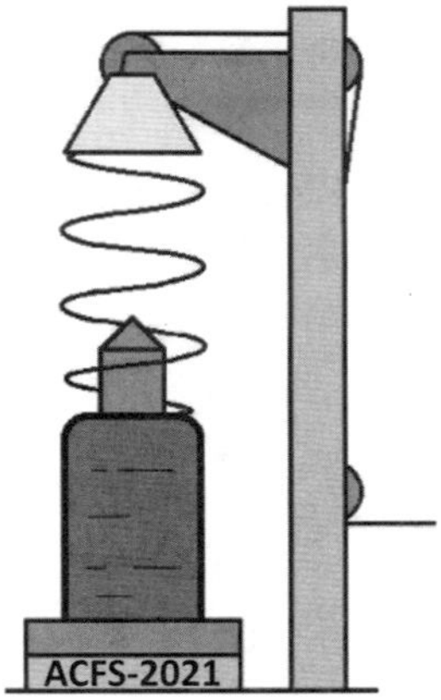

Figura 5.10. *Pay-off* vertical com *finger* fixo.

- Uma opção para quem precisa trefilar a velocidades de desenrolamento acima dos 5 m/s é o uso de *fingers* rotativos. Em virtude do produto girar a uma velocidade próxima à de desenrolamento, tem-se a impressão de que o fio está parado, isso contribui para a redução do chicoteamento e embaraçamentos. Os *fingers* rotativos requerem uma barreira física para evitar que as pessoas se aproximem do material em processamento.
- Geralmente, os *pay-offs* confeccionados em tubos apresentam um desempenho pior do que os que tem os *fingers* revestidos formando um cilindro. O fio desliza na superfície do cilindro sem a chance de conformar na superfície do tubo e estrangular durante a puxada, por isso, recomenda-se o uso de *pay-offs* revestidos em detrimento dos confeccionados em tubos.

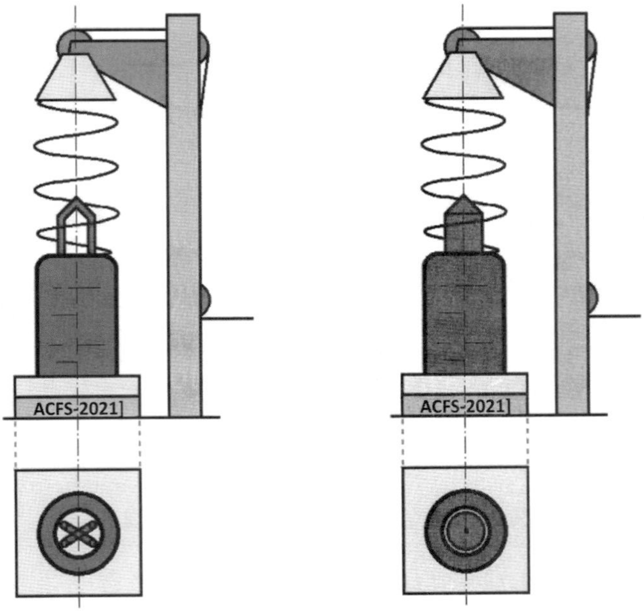

Figura 5.11. Comparativo entre *fingers* de tubos × revestidos.

- Um especial cuidado com os *pay-offs* verticais deve ser dado ao diâmetro do *finger*, pois quanto mais estreito do que o diâmetro interno do material que irá suportar, maior a probabilidade de embaraçamento do fio, em razão do desalinhamento da carga ao centro do *finger*. Outro risco ocorre quando o *pay-off* é giratório, pois a carga ao girar, caso esteja muito excêntrica ao *finger*, causará desbalanceamentos com riscos sérios à estrutura do *pay-off*.

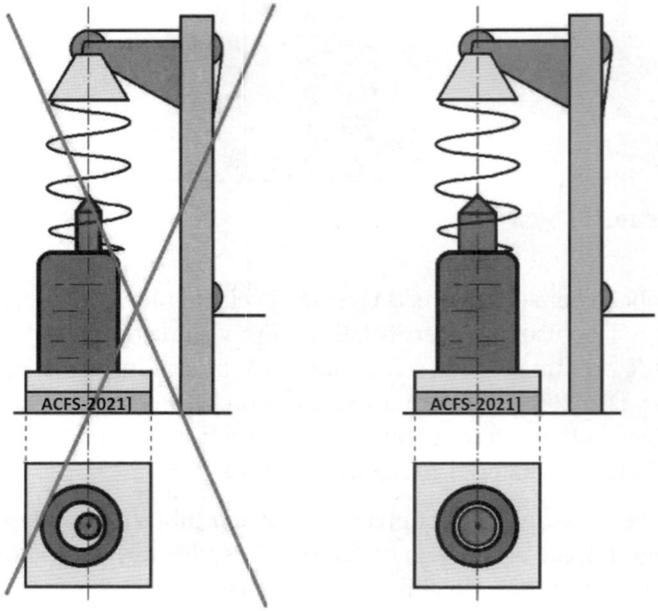

Figura 5.12. Desalinhamento da carga em *fingers* fixos.

5.2.3 *PAY-OFF* TANGENCIAL

Geralmente, quando se quer evitar que o fio rotacione no próprio eixo, faz-se uso de *pay-off* tangenciais. Assim se reduz o embaraçamentos e evita torção do material, esse desbobinador é bastante útil quando se usa material com perfil irregular (ovalizados, quadrado etc.).

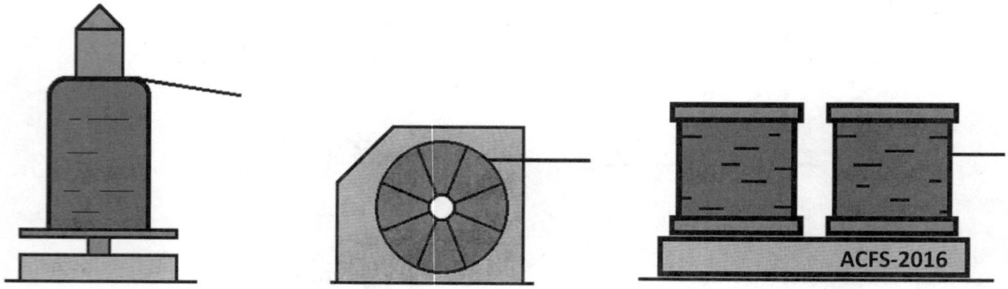

Figura 5.13. Tipos de *pay-offs* tangenciais.

5.3 SOLDAGEM

Para que consigamos tornar o processo de trefilação contínuo, faz-se necessário emendar o fim de um rolo ao início de outro, caso contrário, teremos que parar o equipamento ao final de cada rolo consumido, reduzindo a performance do processo.

Emprega-se para isso máquinas específicas que unem o material por caldeamento. Nesses equipamentos, é possível realizar 3 ajustes para garantir uma boa união:

a) Força de recalque;

b) Corrente;

c) Tempo de soldagem.

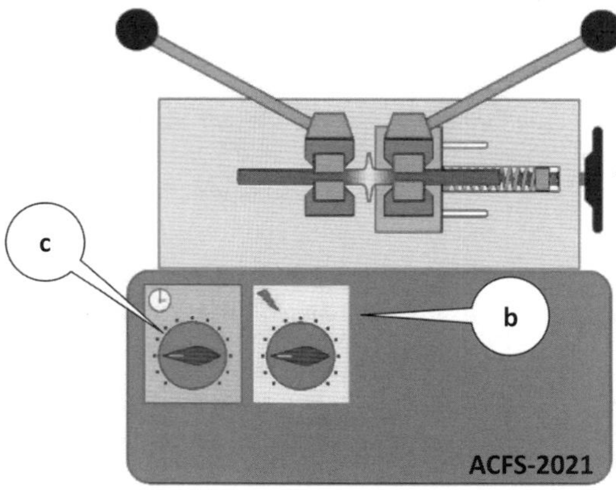

Figura 5.14. Detalhes de uma máquina de soldar arames.

A adequada combinação desses três parâmetros proporciona uma solda homogênea e muito resistente. Veja a sequência de atividades para soldagem do material.

Tabela 5.1. Procedimento de soldagem por caldeamento

Preparação	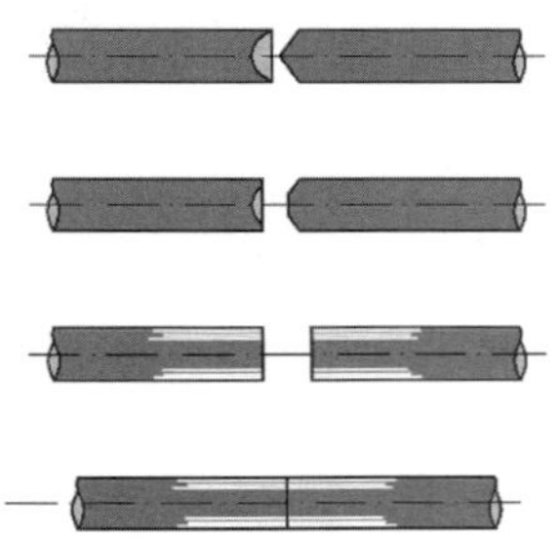	Preparação das extremidades do fio: após o corte, deixar as extremidades planas e remover o óxido da superfície do fio para maximizar o contato do material com os eletrodos da máquina de solda.

(*continua*)

Tabela 5.1. Procedimento de soldagem por caldeamento (*continuação*)

Soldagem	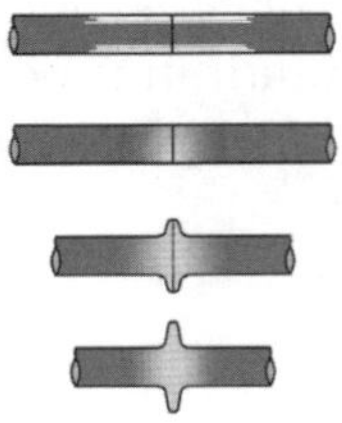	Efetuar a solda atentando para os parâmetros citados conforme a orientação do fornecedor do equipamento: Pressão de recalque; Corrente da solda; Tempo de solda. Observe se o material soldado flui e forma uma rebarba homogênea. Pouca rebarba é sinal de pouca força no recalque ou corrente baixa, o que implica numa solda defeituosa. Se o tempo de solda ou a corrente forem exageradamente elevados, a solda ficará porosa e quebradiça, remova-a, ajuste os parâmetros e refaça a emenda. Lembre-se que uma determinada regulagem nem sempre é aplicável a diferentes tipos de composições químicas do material, requerendo um novo ajuste.
Acabamento		Com auxílio de um esmeril, faça a remoção do excesso de material (rebarba) da zona termicamente afetada (ZTA), após remover a rebarba, atentar para o aspecto da solda, se estiver porosa, remova-a e refaça.
Alívio de tensões	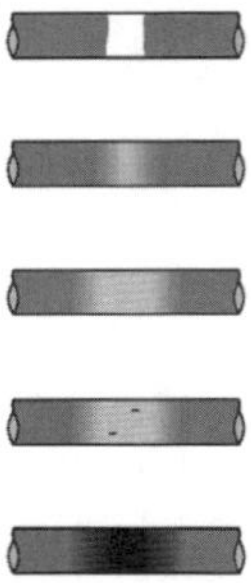	Revenimento da ZTA para reduzir a fragilidade da solda. Essa etapa é obrigatória para aços MTC e ATC, mas é facultativo em fios BTC. O revenimento se faz com o material limpo, sem rebarba. Na máquina de solda há um acessório que permite realizar o alívio de tensões. Abra as garras, posicione o material com a solda centralizada entre as garras e aqueça até começar a surgir pontos de oxidação, pare imediatamente o aquecimento e deixe o material esfriar fixo à máquina.
Teste da solda	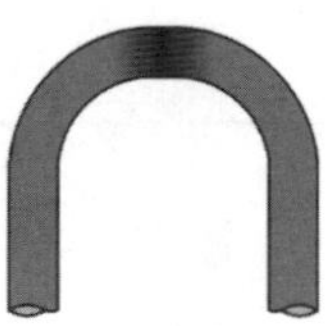	Testar a emenda dobrando o fio sobre a ZTA, caso quebre, é necessário rever os parâmetros da máquina de soldar e realizar uma nova solda.

Para operar máquinas de solda por caldeamento é obrigatório o uso de EPI, pois estaremos expostos a partes aquecidas do material e à projeção de materiais.

5.3.1 DEFEITOS EM EMENDAS SOLDADAS

A seguir, listamos os defeitos mais comuns observados após a soldagem do material.

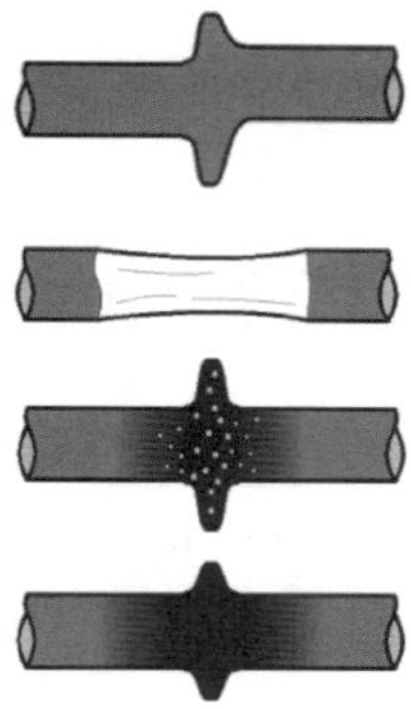

Figura 5.15. Defeitos de fios soldados por caldeamento.

5.4 PREPARAÇÃO SUPERFICIAL DA MATÉRIA-PRIMA

Durante o processo de laminação a quente, forma-se uma fina camada de óxido (carepa) sobre o material produzido (fio-máquina ou barra). Essa camada é extremamente abrasiva e sua remoção faz-se prioritária, caso contrário, as ferramentas que deformarão o material serão desgastadas prematuramente, promovendo assim quebras do fio trefilado ou a perda da precisão dimensional das ferramentas, pois com o desgaste das ferramentas ocorre a elevação do atrito. Com isso, os esforços de trefilação podem ser maiores que a carga de ruptura do material e, assim, ocorrerão rupturas do fio.

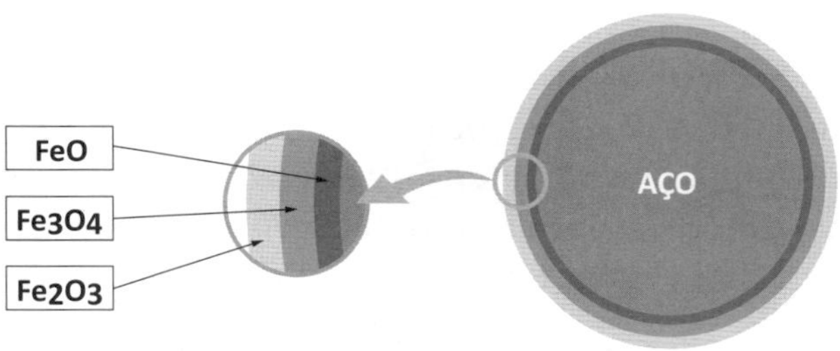

Estrutura	Características
FeO (Wustita)	É a camada mais interna e próxima ao metal-base, porosa e muito aderente ao fio, possui dureza que varia de 26/36 RHC.
Fe_3O_4 (Magnetita)	É a camada intermediária, compacta e frágil, possui dureza que varia de 44/49 RHC.
Fe_2O_3 (Hematita)	Camada mais externa é porosa, frágil e de fácil remoção mecânica em razão da elevada dureza (acima de 68 RHC).

Figura 5.16. Morfologia da carepa do fio-máquina.

A Figura 5.17 mostra os tipos mais comuns de decapagem utilizados na preparação superficial da matéria-prima da trefilação:

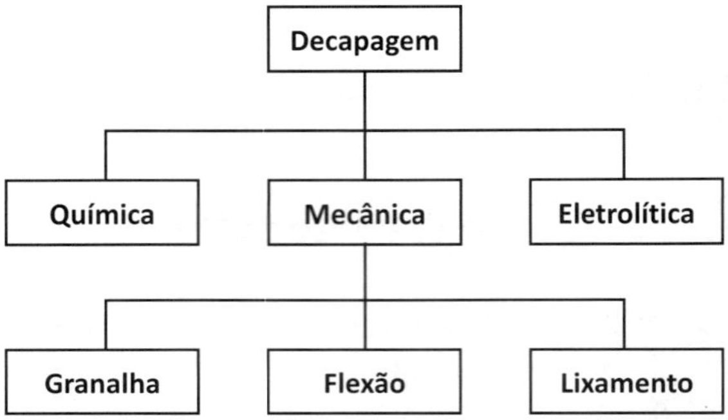

Figura 5.17. Tipos de decapagem.

5.4.1 DECAPAGEM QUÍMICA

Esse processo consiste numa sucessão de banhos que visam remover a carepa e deixar a superfície do metal preparada para receber o lubrificante na trefilação. Geralmente, quando decapamos FM, ATC e MTC é muito comum um banho de pré-lubrificação antes da secagem do material.

A decapagem química requer controles rigorosos das concentrações dos banhos, temperaturas e tempos de imersão das cargas, caso contrário, as consequências geradas podem ser desastrosas, por exemplo, se o pH da água de lavagem após a solução decapante estiver abaixo de 5, a entrada da carga com esse pH pode comprometer seriamente as reações do tanque de fosfato, com isso, o banho não formará adequadamente a camada de cristais necessários para o carreamento do lubrificante na trefilação. Assim, corre-se o risco de descartar um banho que representa algo em torno de 40% do custo operacional da decapagem. Por isso, recomendamos o correto controle dos banhos, conforme informações dos seus respectivos fornecedores. Uma decapagem malfeita compromete muito o processo de trefilação, podendo ainda oxidar prematuramente o produto trefilado em nosso estoque, ou pior, no estoque do nosso cliente.

Um ponto polêmico é se devemos decapar a carga com ou sem as amarrações. Isso dependerá muito da aplicação do produto trefilado: se ele necessitar ser retrefilado posteriormente, recomendamos que a carga seja decapada sem as amarrações, pois é mais fácil de limpar entre as espiras com a carga mais solta. Decapar com as amarras é mais seguro para o operador da linha e causa menos embaraçamentos do fio, mas isso fica a seu critério.

A seguir, descreveremos como funciona a decapagem, passo a passo.

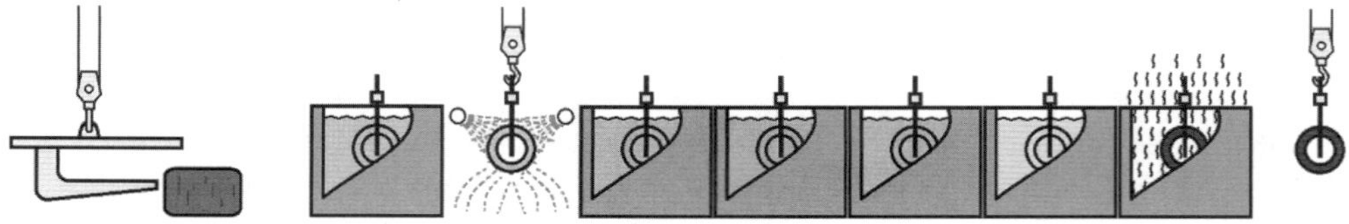

Figura 5.18. Disposição dos processos de uma decapagem química.

Basicamente, o modelo de decapagem da Figura 5.18 emprega-se na preparação de fios com médios ou altos teores de carbono e possui as seguintes sequências de banhos:

- Solução decapante: tanque com solução decapante, dependendo da região, emprega-se com mais frequência o ácido clorídrico (HCl), pois não é necessário aquecer a solução para que reaja, mas também se usa o ácido sulfúrico (H_2SO_4), que precisa de sistema de aquecimento para funcionar adequadamente. Este tipo de ácido necessita ser aquecido em torno de 50 a 60 °C.

  Em ambos os ácidos é recomendado o uso de inibidores, produtos que atuam protegendo o metal-base assim que a camada de carepa é removida, evitando que parte do hidrogênio do ácido migre para a estrutura cristalina do material. O tempo de decapagem varia de 15 a 25 minutos, dependendo da concentração do ácido e do ferro dissolvidos na solução.

  A Tabela 5.2 lista as vantagens e desvantagens de cada tipo de ácido.

Tabela 5.2. Comparativo HCl × H_2SO_4

Ácido	Vantagem	Desvantagem
HCl	Remove a carepa, dissolvendo-a. Não necessita de aquecimento para reagir. É mais eficaz na limpeza superficial, requerendo intervalos de imersão do material menores.	É muito volátil. Extremamente agressivo para a estrutura do prédio que o abriga. Requer mais cuidados nos processos de lavagem, por conta da maior dificuldade em se remover os cloretos da superfície do material. Em regiões de baixa temperatura ambiente (abaixo de 20 °C) podem requerer mais tempo para remover a camada de óxido. Requer sistema de aspiração dos vapores com lavador de gases.

(*continua*)

Tabela 5.2. Comparativo HCl × H_2SO_4 (*continuação*)

Ácido	Vantagem	Desvantagvem
H_2SO_4	É mais estável que o HCl. Seus vapores são menos agressivos. Remove a carepa de forma mecânica, ataca a camada mais interna de FeO e com a liberação de gases desprende as demais camadas. É mais fácil de ser lavado do material após a decapagem.	Para reagir mais rápido requer sistema de aquecimento. Requer sistema de aspiração dos vapores com lavador de gases. Para atingir a mesma eficiência do HCl na remoção da carepa requer concentrações mais elevadas e, com isso, adições de reforço do banho mais frequentes. Como remove a carepa de forma mecânica, há mais formação de borras no fundo do tanque.

- *Spray*: tão logo o material saia do banho decapante, devemos lavar com água (pH neutro) sob elevada pressão. Essa lavagem visa retirar os vestígios de ácido que se encontram entre as espiras. Durante a aspersão devemos sempre lavar de cima a baixo, inclusive dentro do rolo. Uma boa lavagem com *sprays* leva de 2 a 3 minutos.
- Lavagem: após o jateamento, o material deve ser totalmente imerso em água com pH neutro. A finalidade desse banho é diluir qualquer vestígio de ácido remanescente do *spray*. O controle do pH desse banho é vital para a vida útil dos banhos seguintes. No tanque, o pH deve ser sempre mantido acima de 6 e o material ser imerso umas 3 vezes para garantir uma boa remoção dos ácidos.
- Fosfato de zinco: este banho, formado por ácido fosfórico (H_3PO_4) e zinco (Zn), tem a finalidade formar sobre a matéria-prima uma camada de cristais de fosfato de zinco que ancorarão o lubrificante durante a trefilação. Essa camada também proporciona uma discreta melhora na resistência à corrosão do material após a decapagem. Geralmente, esse filme possui um peso de camada da ordem 6 a 12 g/m^2. O filme de fosfato de zinco é tão resistente que mesmo após 9 passes sucessivos de 18%, com lubrificação seca e velocidade de tiro de 9 m/s, ainda encontramos camadas de fosfato que atingem de 1 a 3 g/m^2 no arame acabado. O banho de fosfato é aplicado aquecido a 65 °C, mas também pode ser aditivado com nitrito de sódio e ser aplicado à temperatura ambiente, mas esse processo gera mais borra e requer manutenções mais frequentes do banho. Os parâmetros de concentração desse banho devem ser rigorosamente acompanhados, pois é o insumo mais oneroso da linha de decapagem química. O tempo de imersão nesse banho depende das concentrações recomendadas pelo fornecedor do produto e do peso de camada desejado ao final da fosfatização.
- Lavagem: deve ser feita em água neutra para neutralizar o ácido do banho de fosfato; é necessário lavar o material novamente em água potável com pH neutro, assim evitamos que ele reoxide prematuramente após o final da decapagem. Recomendamos 3 mergulhos para remover o excesso líquido do banho anterior.

- Passivação é um banho em que se aplica um agente alcalino que neutraliza os ácidos empregados no processo de decapagem química e serve como pré-lubrificante do material.
- Estufa seca o material para garantir que ele esteja plenamente livre de vestígios de líquidos no momento de ser trefilado. A estufa funciona a temperaturas médias de 80 a 90 °C, com uma pressão levemente positiva, assim o ar circula e seca a carga mais rápido.

Caso o processo de trefilação tenha como insumos os fios de aço com baixo teor de carbono (BTC), o banho de fosfato é dispensável e o de passivação substituído por um banho de cal hidratada a 80 °C ou bórax com a mesma temperatura, assim até a estufa pode ser substituída por um potente ventilador, pois a carga seca rapidamente na medida em que sai do banho de cal aquecida. Recomenda-se que o banho de cal ou bórax tenha uma circulação forçada, assim o produto não decanta no fundo do tanque.

Toda linha de decapagem química requer uma estação de tratamento de efluentes (ETE). Nela, os efluentes ácidos são neutralizados, geralmente com cal ou soda cáustica. Os efluentes requerem controles rigorosos, pois podem poluir os cursos d'água e prejudicar a comunidade onde a empresa estiver inserida. Os funcionários que operam a decapagem química necessitam ser munidos de equipamentos de proteção individual (EPI) adequados, principalmente contra os vapores e respingos de produtos químicos.

Os ganchos C utilizados na decapagem química, geralmente, são confeccionados em inox para resistir aos agentes corrosivos, mas também é comum ver ganchos em aço-carbono, porém esses têm sua vida útil muito abreviada com o uso.

É extremamente importante que as pessoas tenham acesso restrito à área de decapagem, pois há emanações de gases nocivos que devem ser aspirados e lavados, além disso, podem ocorrer respingos de materiais corrosivos. Lembre-se: a equipe de decapagem deve sempre utilizar os EPI pertinente ao setor.

5.4.2 DECAPAGEM MECÂNICA

Já ouvimos relatos que esse tipo de limpeza do produto laminado nasceu na Primeira Grande Guerra, época em que o mundo passava por uma crise econômica profunda e os recursos eram escassos. Em algum momento alguém ficou sem os produtos da decapagem química, e verificando que ao dobrar o material a carepa saltava, descobriu um novo modo de removê-la.

Em virtude de sua elevada dureza, a carepa é frágil e não suporta esforços trativos ou de compressão, sendo assim, a decapagem mecânica promove um nível de deformação no metal-base fazendo com que a carepa se desprenda de sua superfície, mas a eficiência desse processo não é tão boa quanto a obtida pelo processo químico. Após a "quebra" da carepa pelos esforços mecânicos, ainda restará sobre o material uma fina camada de óxido residual, que ainda é muito dura e precisa ser eliminada em processos posteriores de limpeza.

A decapagem por flexão consiste em dobrar o FM sobre uma roldana que não exceda 11 vezes o diâmetro do fio decapado, assim promove-se um alongamento mínimo de 8% nas fibras externas do material, quanto mais vezes o material for flexionado, melhor a eficiência do processo na remoção da carepa. Porém, caso ele seja flexionado além de 360° cumulativamente, não se observa aumento na eficiência do processo. A melhor condição do processo se faz ao dobrar o material em planos perpendiculares ao eixo longitudinal do fio, dessa forma, a remoção é maximizada.

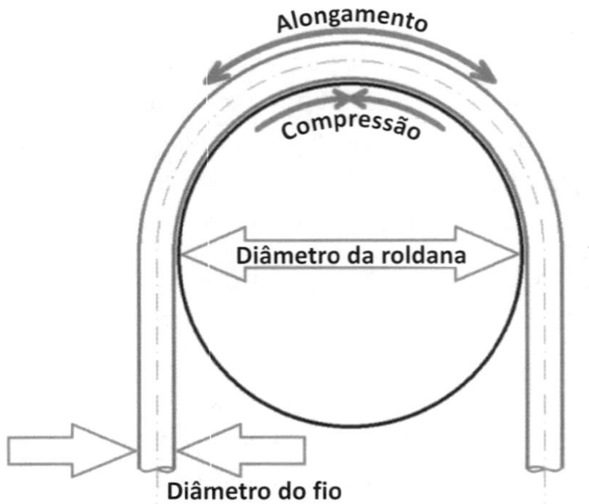

Diâm. do fio (mm)	Diâm. da polia (mm)	Relação polia/fio (mm)	Comprimento abraçamento 180°		
			Externo	Primitivo	Interno
			Alongamento		Compressão
5,50	60,5	11	112	104	95
			8,3%		9,1%
6,50	71,5		133	123	112
			8,3%		9,1%
7,00	77,0		143	132	121
			8,3%		9,1%
8,00	88,0		163	151	138
			8,3%		9,1%

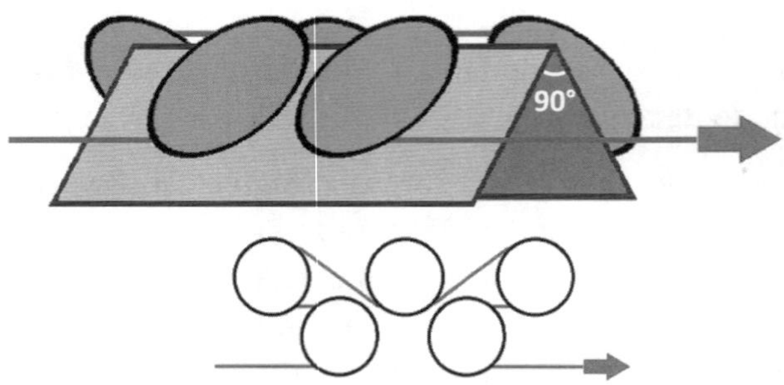

Figura 5.19. Parâmetros para decapagem mecânica.

Como visto anteriormente, se respeitarmos a relação entre o diâmetro do fio-máquina e o rolo de flexão, o alongamento exercido nas fibras externas do material será suficiente para promover um alongamento de 8% no comprimento das fibras externas do fio. Caso o rolo seja menor o alongamento será ainda maior, mas não contribuirá com a remoção e, para piorar, com a redução da relação rolo × diâmetro do fio os esforços de trefilação crescem e se forem maiores que a resistência do material, provocarão a interrupção do processo por quebra do produto, ou seja, a relação de 11× implica num alongamento de 8% que corresponde a melhor deformação para remoção dos óxidos.

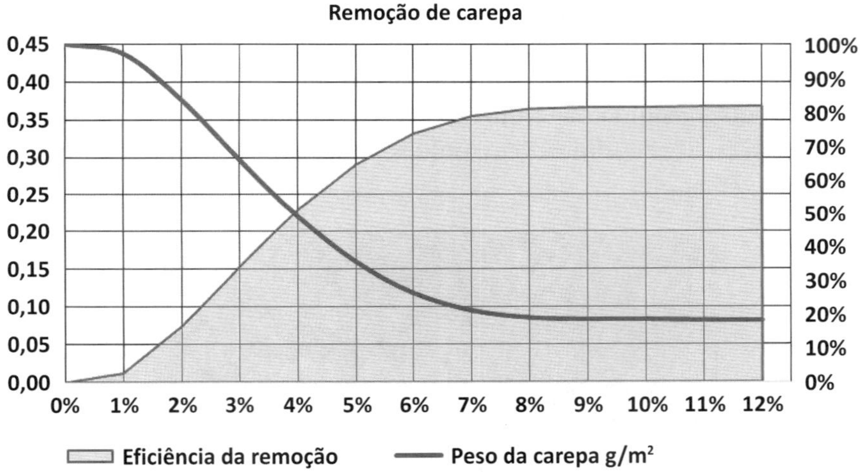

Figura 5.20. Eficiência da decapagem mecânica.

A remoção por flexão promove a retirada máxima de uns 80% da carepa, o restante necessita que utilizemos alguns acessórios mecânicos para melhorar a limpeza, dentre eles as escovas helicoidais são muito empregadas, outro meio é forçarmos o fio a passar por escovas motorizadas ou fitas de lixa que tangenciam sobre a superfície do material, porém se esses processos forem muito agressivos, podemos ter perda excessiva de metal-base. Um meio muito usado para remover a carepa residual é a aplicação de facas de ar comprimido, inclusive se o ar tiver uma boa qualidade, esse processo pode ser usado para remover a umidade do material e assim reduzir os transtornos com o fio molhado na entrada da trefilação, muito comum nos dias chuvosos.

Figura 5.21. Escova helicoidal para fios.

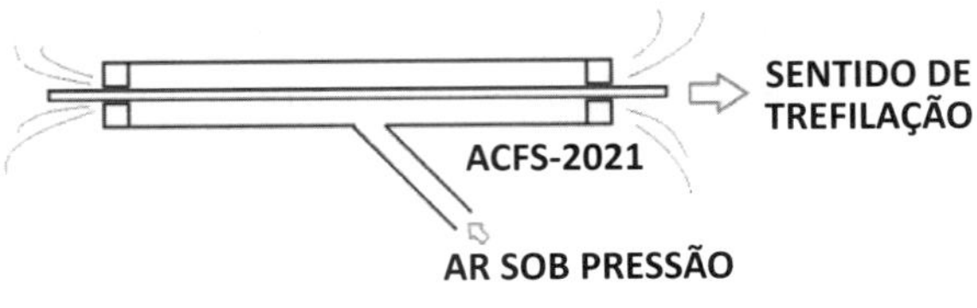

Figura 5.22. Faca de ar para remover umidade do FM.

Para que a decapagem mecânica por flexão funcione bem, a qualidade do óxido também deve ser considerada. Materiais muito enferrujados (oxidação vermelha) possuem uma camada de óxido que não sai, pois é muito fina, mas ainda abrasiva, por isso, recomendamos que o material seja estocado em área coberta ou consumido tão logo chegue ao processo. Caso o produto molhe, não devemos usar até que ele esteja seco, caso contrário, a eficiência do processo de remoção será prejudicado e ocorrerá danos ao ferramental.

O processo de jateamento com granalha consiste basicamente em arremessar sobre o material laminado diminutas partículas de metal abrasivo a alta velocidade, geralmente aço com alto teor de carbono (ATC), com diâmetros que podem variar de 0,1 a 1,50 mm, visando remover a camada de carepa, é um processo caro que deixa uma superfície totalmente isenta de óxidos, porém tem um elevado custo de manutenção, pois à medida que limpa o material, o próprio equipamento de jateamento se desgasta. Muito indicado quando se deseja obter produtos trefilados com acabamento espelhado.

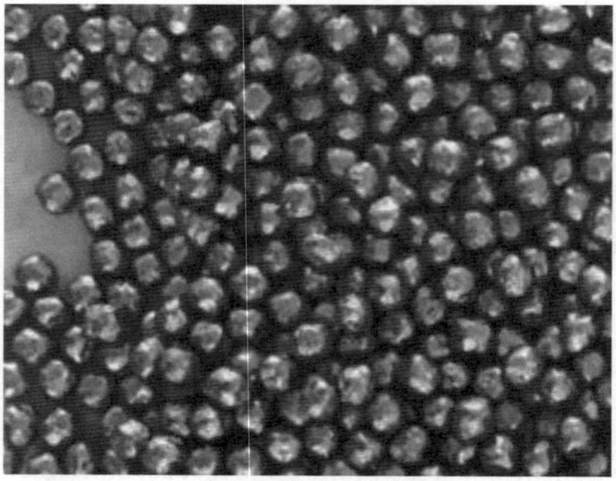

Figura 5.23. Porção de granalha para decapagem por jateamento.

5.5 APONTAMENTO DO FIO

O apontamento do material facilita a introdução deste na ferramenta. Isso pode se dar de três formas:

- Apontamento por usinagem. Procedimento muito utilizado em trefilas de barras, consiste em um sistema de usinagem que reduz a ponta da barra por desbaste. Em seguida, a ponta usinada é introduzida na ferramenta e o cabeçote de tração acionado para que a barra seja puxada, após concluída a trefilação da barra a ponta usinada é removida.

- Apontamento por laminação. Muito empregado no preparo de FM para que consigamos introduzir o material nas ferramentas. Após o apontamento, puxamos o fio com o auxílio de um alicate de extração, também conhecido como "cachorro".

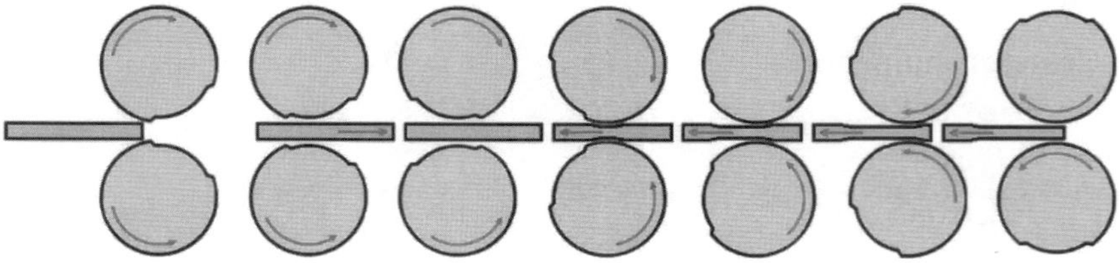

Figura 5.24. Evolução do processo de apontamento do fio-máquina.

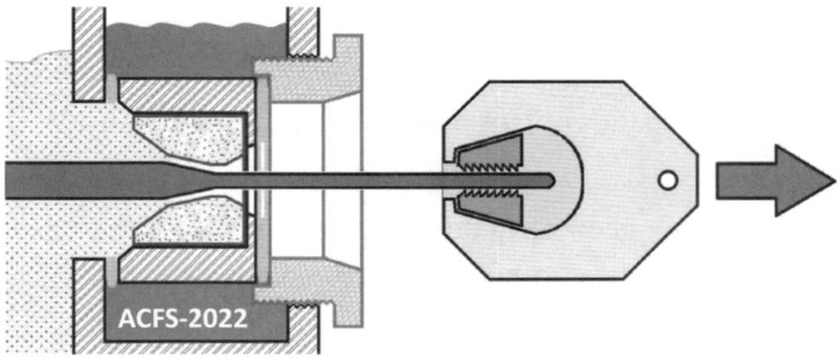

Figura 5.25. Fio-máquina apontado sendo tracionado pelo "cachorro" no início do processo.

- Desbaste em esmeril, muito usado quando a espessura do material não é possível de se reduzir por laminação. Assim, este é enrolado em dois bastões e com movimentos alternados, é reduzido até que a parte esmerilhada esteja com a espessura necessária para que passe através da fieira. É importante que o desbaste seja feito em toda a periferia do material, tentando fazer um apontamento uniforme.

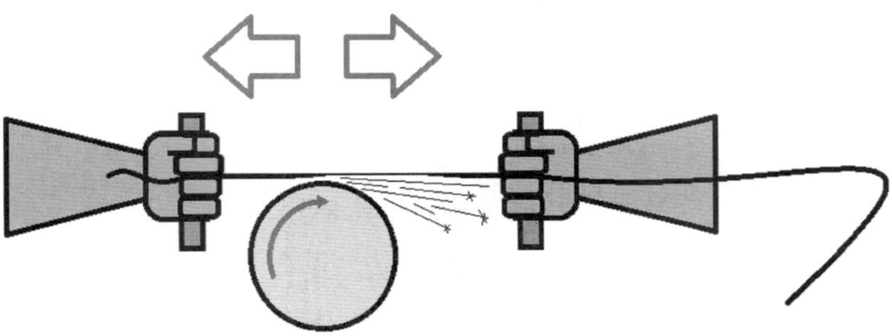

Figura 5.26. Apontamento do fio por abrasão.

5.6 FERRAMENTAL

A deformação do material durante a trefilação ocorre nas ferramentas. Atualmente utilizamos basicamente dois tipos:

- Fieiras.
- Cassetes laminadores.

5.6.1 FIEIRAS

As fieiras evoluíram praticamente junto com o desenvolvimento das máquinas de trefilar, são ferramentas compostas de um núcleo de carbeto de tungstênio (Wídia) encarcaçado sob pressão em um alojamento de aço-carbono comum. A Wídia é extremamente resistente ao desgaste pela sua elevada dureza, mas não suporta esforços de tração. Já a carcaça de aço, onde está encerrada, confere a resistência a tração necessária para que a Wídia trabalhe sem problemas. A esse conjunto denominamos de fieira. Também podem ser empregados outros materiais em substituição a Wídia tal como os diamantes artificiais.

As fieiras possuem uma geometria adequada ao perfil que irão produzir. Abaixo estão os principais ângulos que compõem o perfil das fieiras:

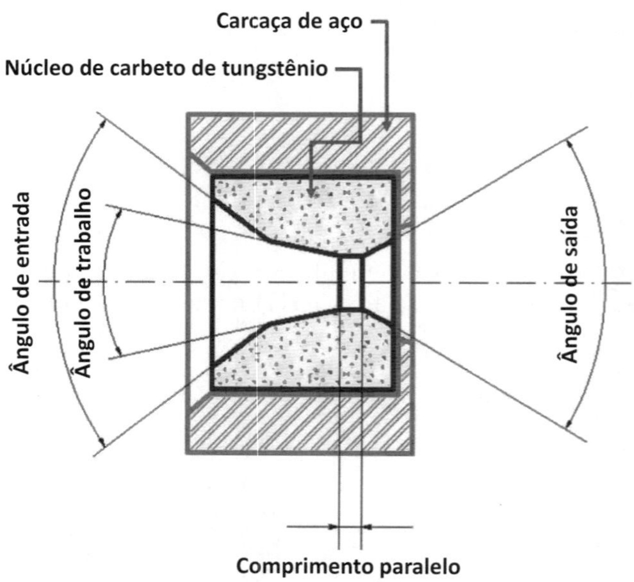

Figura 5.27. Detalhe do perfil de uma fieira.

A seguir, descrevemos as características de cada ângulo da geometria das fieiras:

- Ângulo de entrada: guia o fio para o centro da peça quando iniciamos a puxada do fio manualmente. Também é o responsável pela admissão do lubrificante.

- Ângulo de trabalho: promove a redução do material até o diâmetro desejado.
- Paralelo ou cilindro: garante a vida-útil da peça e mantém o fio no diâmetro esperado.
- Ângulo de saída: permite que o material saia da ferramenta sem que ocorra a quebra da aresta do cilindro paralelo e aumenta a resistência dessa área às vibrações do material ao sair da fieira.

Tabela 5.3. Recomendações de ângulos para fieiras

		Teor de aço-carbono		
		Baixo	**Médio**	**Alto**
Ângulo	**Entrada**	45° a 80°		
	Trabalho	16° a 18°	13° a 15°	11° a 12°
	Saída	45° a 80°		
Compr. Paralelo		25 a 60% do diâmetro da fieira		

Tipos de fieiras

As fieiras mais utilizadas podem ter diferentes materiais na confecção de seus núcleos. Veja os mais comuns.

- Wídia: muito empregada na trefilação de materiais ferrosos ou não ferrosos, inclusive a lubrificação pode ou não ser seca, pois são menos exigentes com relação a sua manutenção e controle.
- Diamantes sintéticos: são bem mais caros e muito comuns em processos que exigem grande controle dimensional do material. São empregados na trefilação de materiais ferrosos e não ferrosos e muito utilizados em trefilas úmidas, podendo também ser utilizados em trefilação seca.

Refrigeração das fieiras

Como são responsáveis por realizar a deformação plástica do material, as fieiras são expostas às altas temperaturas decorrentes em boa parte do atrito e, para que tenham um desempenho adequado, é necessário que essas sejam devidamente resfriadas para que não danifiquem. A água deve ser controlada (20 a 30 °C) e com tratamento químico e biológico para não formar crostas ou algas nas tubulações, dificultando a circulação adequada do refrigerante.

A refrigeração das fieiras pode ser direta ou indireta:

- Direta: a fieira trabalha imersa no refrigerante, oferecendo a melhor condição de troca térmica entre o líquido e a ferramenta. Porém, a substituição da fieira nesse tipo de refrigeração requer cuidados para que o líquido não adentre a caixa de fieiras e molhe o lubrificante seco. Caso isso ocorra, o sabão perderá seu poder lubrificante e provocará a quebra do material.

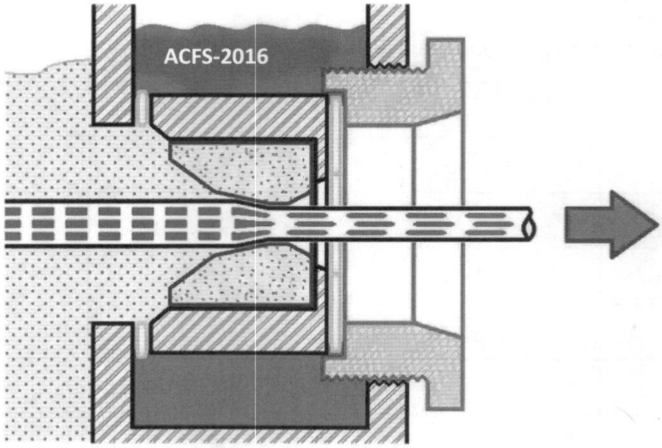

Figura 5.28. Detalhe de uma fieira com refrigeração direta.

- Indireta: a fieira é alojada num compartimento resfriado que promove a troca térmica. Apesar de não possuir a mesma eficiência do processo de refrigeração direta, é bem mais simples de se trocar a fieira em caso de danos. Essa refrigeração é bem mais segura para o lubrificante, pois não há refrigerante em contato com a fieira e não há riscos deste vazar para o lubrificante.

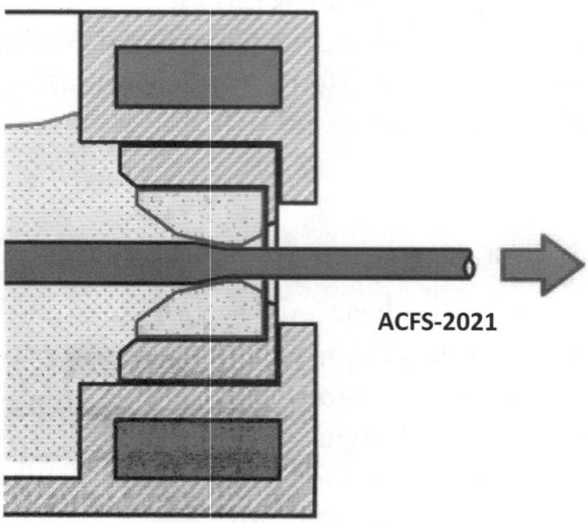

Figura 5.29. Detalhe de uma fieira com refrigeração indireta.

5.6.2 CASSETES

O maior inimigo da produtividade das ferramentas utilizadas na trefila sempre será o atrito que ocorre na interface da ferramenta com a superfície do material trefilado. Apesar de todos os esforços no desenvolvimento de lubrificantes mais resistentes aos esforços, o desgaste da ferramenta sempre estará presente. Uma ótima solução encontrada para esse desafio foi a adoção de rolos laminadores que giram conforme o material passa por eles e ainda promovem a necessária compressão do material para atingir a redução de seção desejada. A adoção desses rolos proporcionou níveis de produtividade bem acima dos atingidos com as fieiras. Por exemplo, com uma fieira bem refrigerada e lubrificada na bitola de 4,2 mm é possível produzir umas 10 a 15 t de SAE-1010, com uma redução média de 22% até que ela perca seu polimento e/ou perfil. Na mesma condição, um cassete poderá produzir com facilidade umas 2.000 t antes que seja necessário recuperar seu perfil, mas a qualidade dimensional do fio produzido com o cassete será um pouco inferior do que o produzido com as fieiras.

O uso de cassetes se torna inviável quando os diâmetros são capilares (abaixo de 1 mm) e quando as campanhas de produção são muito pequenas e frequentes. Os cassetes necessitam de grandes volumes para justificar seu custo, caso contrário é melhor continuar com as fieiras.

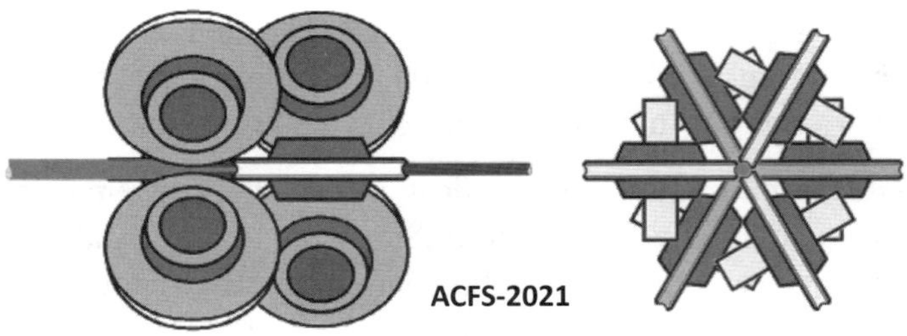

Figura 5.30. Disposição dos anéis do cassete sobre o fio trefilado.

Dentre os diversos tipos de cassetes laminadores, os mais utilizados são os seguintes:

- dois anéis, utilizados em arames de pequenos diâmetro e produção de tubos.
- três anéis, são os mais usados na trefilação.

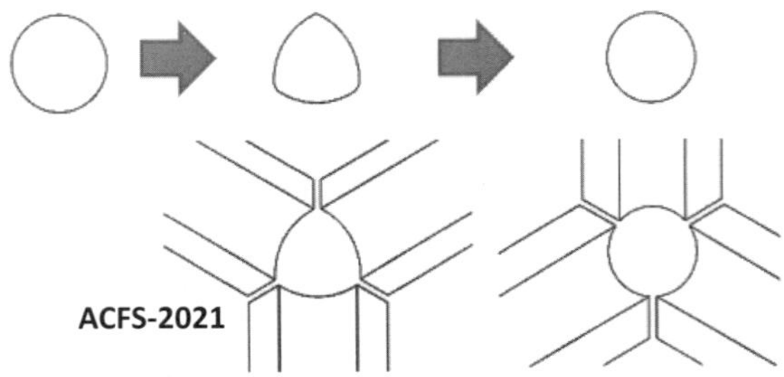

Figura 5.31. Detalhe do perfil do fio nos trios de entrada e saída do cassete.

- quatro anéis, usados principalmente na produção de perfis quadrados.

São bem mais caros que as fieiras. Para ter uma ideia de preços atuais: uma fieira custa US$ 20, enquanto um cassete sem os anéis de laminação e os porta-rolos custa US$ 4.000.

O cassete requer uma lubrificação constante, pelo menos 1 vez a cada 8 h com lubrificante a base de lítio, devido às elevadas cargas e temperaturas que esses são submetidos. Como todo componente mecânico, os cassetes necessitam de revisões periódicas, pelo menos a cada troca de programação da máquina.

Classificação dos cassetes

De acordo com os diâmetros que trabalhamos, os cassetes se encaixam conforme o seguinte critério:

- Abaixo de 4,5 mm utilizamos os microcassetes, que não possuem ajuste de bitola com a mesma liberdade dos cassetes maiores. Possuem uma capacidade de produção de 1.000 a 1.500 t de arames entre retíficas de rolos. Custam aproximadamente US$ 3.000 a unidade.
- De 3,5 a 8 mm utilizam-se cassetes médios com ajuste da bitola do fio dentro da tolerância que se espera do material produzido. Possuem uma capacidade produtiva de aproximadamente 2.000 t entre retíficas para fios lisos e de 1.500 t para fios nervurados. Custam US$ 8.000 a unidade.
- Acima de 8 mm usam-se cassetes de grande porte, que têm os mesmos recursos dos cassetes médios, porém com dimensões mais robustas e adequadas aos diâmetros que serão laminados. Possuem uma capacidade de produção similar aos cassetes médios e custam aproximadamente US$ 10.000 a unidade.

	Cassetes dos passes intermediários																
	Rolete de entrada								Rolete de saída								
1ª opção	RO0	RO1	RO2	RO3	RO4	RO5	FO6	FO7	RT0	RT1	RT2	RT3	RT4	RT5	RT6	RT7
2ª opção	FO0	FO1	FO2	FO3	FO4	FO5			CA0	CA1	CA2	CA3	CA4	CA5	CA6	CA7
2,5																
3,0																
3,5																
4,0																
4,5																
5,0																
5,5																
6,0																
6,5																
7,0																
7,5																
8,0																
8,5																
9,0																
9,5																
10,0																
10,5																
11,0																
11,5																
12,0																
12,5																
13,0																
13,5																
14,0																

	Cassetes dos passes finais																
	Rolete de entrada								Rolete de saída								
1ª opção	RO0	RO1	RO2	RO3	RO4	RO5	FO6	FO7	RT0	RT1	RT2	RT3	RT4	RT5	RT6	RT7
2ª opção	FO0	FO1	FO2	FO3	FO4	FO5			CA0	CA1	CA2	CA3	CA4	CA5	CA6	CA7
2,5																
3,0																
3,5																
4,0																
4,5																
5,0																
5,5																
6,0																
6,5																
7,0																
7,5																
8,0																
8,5																
9,0																
9,5																
10,0																
10,5																
11,0																
11,5																
12,0																
12,5																
13,0																
13,5																
14,0																

Figura 5.32. Calibração de anéis.

Refrigeração dos cassetes

A refrigeração se dá por meio da circulação de água sob pressão nos eixos dos porta-rolos que suportam os anéis. De preferência, a temperatura da água deve ser controlada (20 a 26 °C); também se faz necessário o tratamento químico e biológico desta água de resfriamento, assim como se faz nas fieiras.

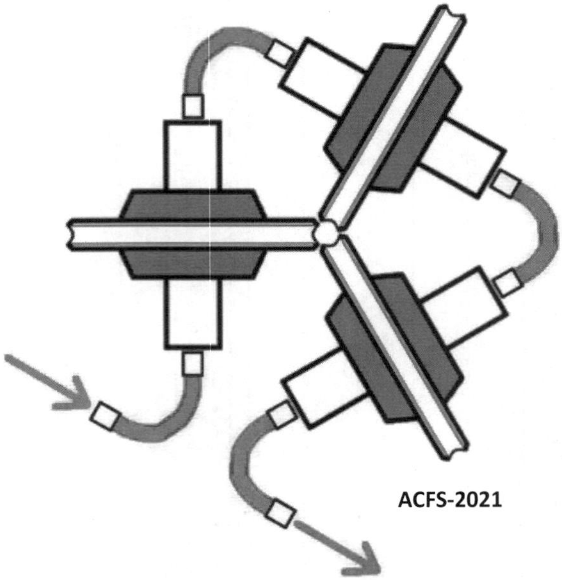

Figura 5.33. Fluxo de refrigeração dos anéis de cassetes.

Montagem dos cassetes

A montagem de um porta-rolos requer ferramentas específicas e pessoal com treinamento adequado, pois é o segredo da vida útil do cassete. Há muitos componentes mecânicos e é imprescindível que não se utilize peças de origem duvidosa. Esse trabalho requer profissional minucioso e com formação na área técnica de manutenção, de preferência.

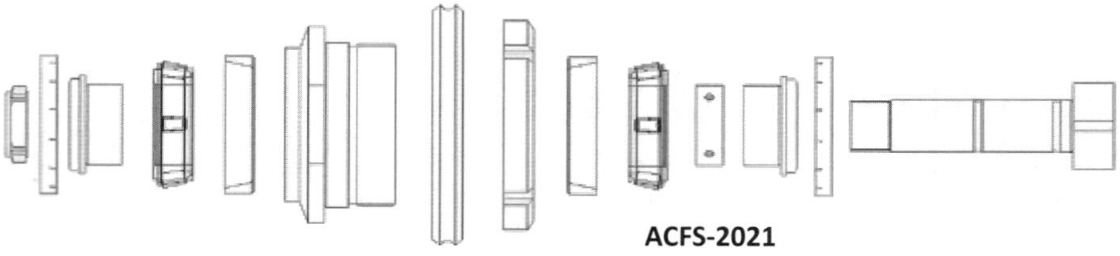

Figura 5.34. Vista explodida dos componentes da fixação dos anéis.

Manutenção dos cassetes

Em virtude de seu tamanho e peso, os cassetes devem ser manuseados com acessórios (girafas, paleteiras, monovias etc.) e possuir um local com as ferramentas e recursos necessários para que esses recebam manutenção adequada. A seguir, relacionamos as etapas necessárias para realizar a manutenção dos cassetes:

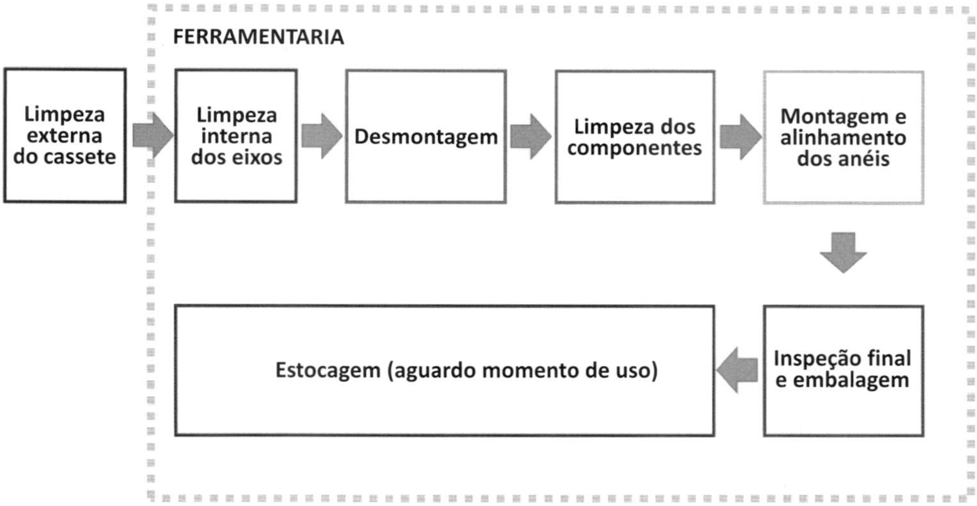

Figura 5.35. Fluxo de atividades de uma ferramentaria de cassetes.

- Na limpeza externa podemos empregar lavadoras de alta pressão, dessas encontradas em estabelecimento de lavagem de carros (lava-jatos) ou usar lavadoras industriais de peças, onde depositamos o cassete sobre a bandeja da mesma e essa injeta água a alta pressão, aquecida e com solvente. Assim, removemos todas as sujidades pesadas oriundas de sabão, graxa e poeira da área.
- Em seguida, o cassete adentra a ferramentaria e recebe a limpeza interna dos eixos. Nessa fase, é bombeada água com solvente a alta pressão ainda com o cassete montado, para remover os resíduos que se formam dentro dos eixos.
- Uma vez limpo, o cassete é desmontado e seus componentes limpos com ultrassom ou outro método de limpeza manual.
- A montagem se faz em equipamento (mesa) próprio para o trabalho, onde há local para posicionamento de um teodolito ou câmera, assim se faz a montagem e alinhamento dos anéis. Com o cassete limpo, montado, pré-lubrificado e alinhado ele é embalado e estocado até o uso.

Ao longo da vida útil do cassete, a ferramentaria acompanha através de registros do volume de produção que cada equipamento produz entre as retificas dos discos, assim controlamos a qualidade do serviço prestado pelos fornecedores de anéis e retíficas.

Calibração dos cassetes

Os perfis produzidos em cassetes podem não ter a mesma precisão dimensional que atingimos com as fieiras, dessa forma, é mais adequado utilizar o controle via massa linear em detrimento da medição direta do diâmetro com instrumento como micrômetros e/ou paquímetros, mas fica a seu critério. Para o cálculo da massa linear, se faz necessária uma amostra de uns 30 cm do material e uma balança analítica; em seguida, procedemos com a medição do comprimento do material, pesamos a amostra e, por fim, aplicamos a equação a seguir:

- Massa linear (kg/m) = peso da amostra (kg) / comprimento da amostra (m).

Como dito, há cassetes que nos permitem ajustá-los para um determinado produto e isso é uma atividade muito simples.

- Com os anéis afastados entre si, procedemos com a passagem do fio e prendemos o mesmo ao bloco da máquina.
- Como o cassete dispõe de dois conjuntos de anéis, começamos ajustando o primeiro conjunto. Neste, deixamos o produto com a mesma massa linear (ML) que deveria ter ao sair do cassete, ou seja, nesse conjunto realizamos a redução necessário para dar ao material a massa linear requerida do produto.
- No trio seguinte realizamos a acerto final da bitola (acabamento), se o perfil for irregular, não tem como medir o diâmetro, então usamos a massa linear (ML) novamente.
- Repetir esses passos para os demais cassetes do equipamento.

A seguir, descrevemos o procedimento anterior com mais detalhes na forma de um fluxograma, para facilitar o entendimento:

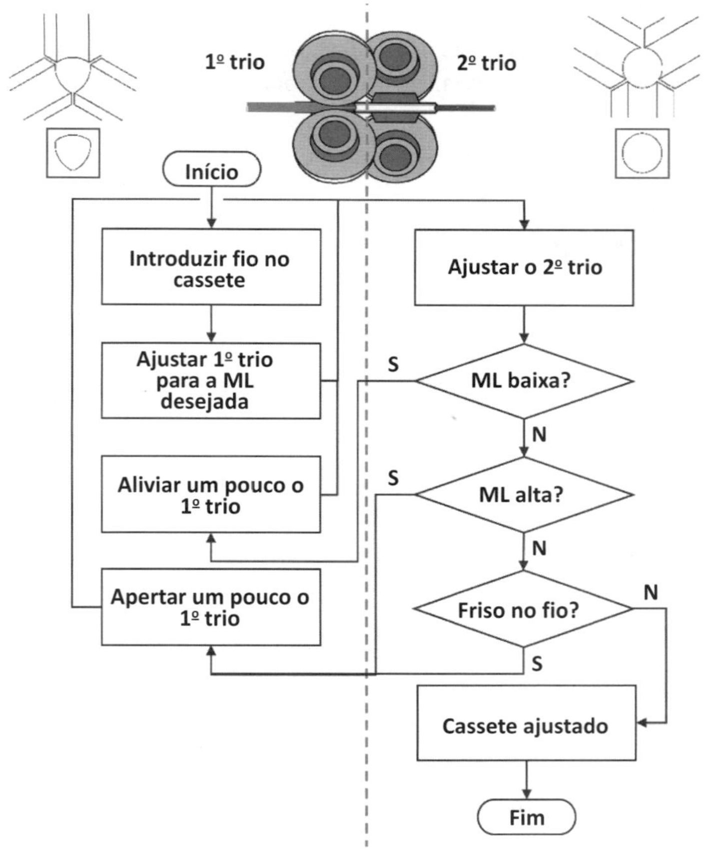

Figura 5.36. Procedimento de ajuste de cassetes.

5.7 LUBRIFICAÇÃO

O uso de lubrificantes na trefilação é o fator mais importante para o sucesso da operação, pois ele garante a vida útil das ferramentas e reduz os esforços durante a puxada do material. O lubrificante se interpõe entre as superfícies do fio e da ferramenta. Para que isso ocorra de forma adequada, é necessário observar dois fatores referentes à qualidade do lubrificante:

- Lubrificação hidrodinâmica: ocorre quando o lubrificante é carreado para dentro da fieira e se interpõe na interface metal/fieira; quanto maior for a velocidade de trefilação, maior será o arraste de lubrificante. Esse arraste é iniciado pelo ângulo de entrada da fieira.

- Lubrificação limite: limítrofe ou restrita é a capacidade mínima do filme lubrificante manter as superfícies afastadas. Quando superamos esse limite, a lubrificação cessa e o material entra em contato com a ferramenta e surge o atrito.

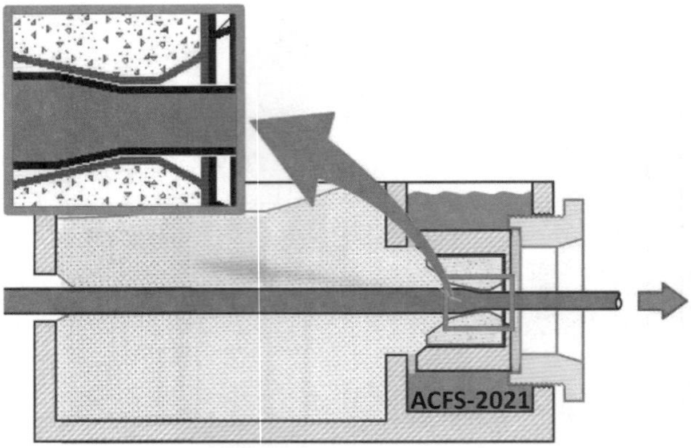

Figura 5.37. Detalhe do filme lubrificante na interface metal × fieira.

Quando a máquina está parada e arranca a baixa velocidade, a lubrificação limite protege as ferramentas, mas, à medida que a velocidade é elevada, a lubrificação hidrodinâmica aos poucos a substitui.

Para que suportem as condições extremas durante o processo, os lubrificantes utilizados na trefilação são melhorados com o uso de aditivos de extrema pressão (EP). Eles reagem com a superfície do material melhorando o filme lubrificante e reduzindo o atrito, geralmente são usados com aditivos EP:

- Grafite.
- Molibdênio.
- Enxofre.
- Fosfatos.

Outra característica determinante do lubrificante é a viscosidade: quanto maior for, maior será a separação da interface metal × ferramenta. Reduz-se a temperatura do processo conforme a redução do atrito gerado.

Arames ATC sempre requerem sabões com aditivos EP porque submetem as ferramentas a pressões mais altas, já que têm resistência mecânica maior que os fios de BTC e isso se traduz em temperaturas mais elevadas por passe.

Para selecionar o lubrificante adequado ao produto é importante responder às seguintes questões:

- Qual é o acabamento do produto? Espelhado, fosco, muito lubrificado, pouco lubrificado etc. Dessa questão dependerá a espessura do filme formado na interface metal × ferramenta.

- O produto será aplicado em processos posteriores que necessitem remover o lubrificante através de água? Os sabões utilizados em trefilas geralmente têm duas composições básicas:
    - ▹ Sabões de cálcio, que suportam altas taxas de redução e elevadas temperaturas, mas são insolúveis em água.
    - ▹ Sabões de sódio, que são solúveis em água, mas não têm a mesma resistência dos sabões anteriores.
- O processo de trefilação é seco ou úmido?
- Gera resíduos? Os sabões sólidos geram cinzas durante a trefilação, mas os sabões diluídos em água não deixam resíduos sobre o fio.

Segue um resumo dos tipos de lubrificantes para trefilação e suas aplicações mais usuais:

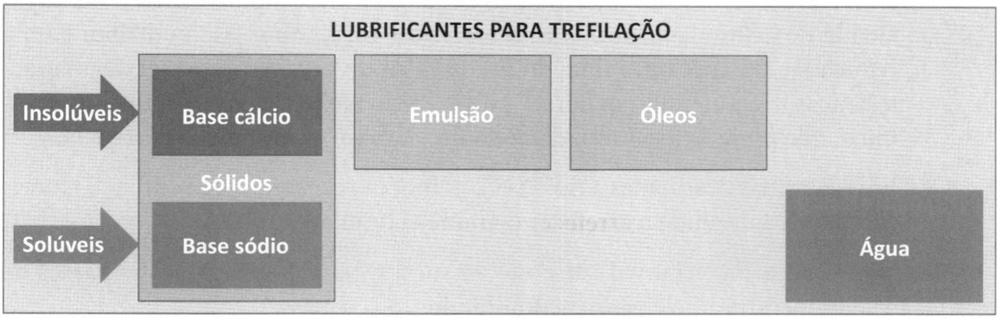

Lubrificantes mais utilizados para trefilação de aço BTC, MTC e ATC (com aditivos EP), com ou sem revestimentos (galvanizados, cobreados etc.). Possuem boa viscosidade sob pressão na interface metal × ferramenta. São higroscópicos.

Produtos utilizados na trefilação de fios e barras ferrosas e não ferrosas. Proporcionam um acabamento espelhado ao material com um filme lubrificante muito fino e de fácil remoção.

Lubrificante utilizado na trefilação de barras ferrosas e não ferrosas. Proporcionam acabamento espelhado.

Lubrificante utilizado nas trefilas de via úmida, geralmente com uma concentração de 5 a 10% em água. Proporcionam filme lubrificante final muito discreto fazendo-se necessário aplicar algum produto de proteção ao material para não oxidar prematuramente.

Figura 5.38. Classificação dos lubrificantes para trefilação.

Anteriormente fizemos algumas considerações sobre a lubrificação, mas as recomendações dos fornecedores e a assistência técnica proporcionada por esses é indispensável.

Apesar de parecerem inofensivos, os sabões podem conter substâncias nocivas à saúde do pessoal de operação, por isso, é importante o uso de EPI conforme recomendações dos fornecedores dos produtos.

5.8 REFRIGERAÇÃO DO EQUIPAMENTO

A máquina de trefila dispõe de recursos que absorvem o calor gerado pelas deformações do material e pelo atrito com as ferramentas, e isso também contribui com a eficiência da lubrificação. Sendo assim, é muito importante que durante a trefilação a máquina esteja com todos os dispositivos funcionando adequadamente:

- Refrigeração das ferramentas pode ser direta e indireta. A direta é mais eficiente e a indireta é mais prática para realizar a troca das fieiras e não sujeita o sabão a vazamentos d'água, isso é péssimo para a lubrificação, pois o sabão seco é higroscópico e quando molhado perde sua capacidade lubrificante. Caso o equipamento trabalhe com cassetes, esses não podem operar sem um fluxo contínuo de refrigerante, do contrário, ocorrerão travamento dos rolamentos dos anéis laminadores e paradas de processo.
- Refrigeração dos blocos. É muito importante acumular a maior quantidade de arame possível em sua superfície. Quanto maior for o bloco, maior sua capacidade de acumular material e assim trocar mais calor. Isso contribui para a redução da temperatura final do fio na saída do processo e preserva as características mecânicas do material, pois reduz o efeito do envelhecimento dinâmico, que prejudica a ductilidade do fio elevando o limite de resistência.
- Em máquinas destinadas a fios ATC, os blocos recebem uma ventilação forçada na base que ajuda a arrefecer o arame acumulado nesses.

À medida que o material vai sofrendo as sucessivas deformações nos passes de trefilação, a temperatura dele vai se acumulando passe a passe.

5.9 ENDIREITAMENTO

Para realizar o endireitamento do material, é necessário forçar a passagem deste através de alguns elementos mecânicos (tensores) que promovam a deformação plástica parcial de sua estrutura, com isso, o produto assumirá a forma que desejarmos. Caso o material não sofra a deformação plástica necessária, ele manterá o formato original, ou seja, a tensão aplicada nos tensores não foi suficiente para que ele assumisse a nova conformação.

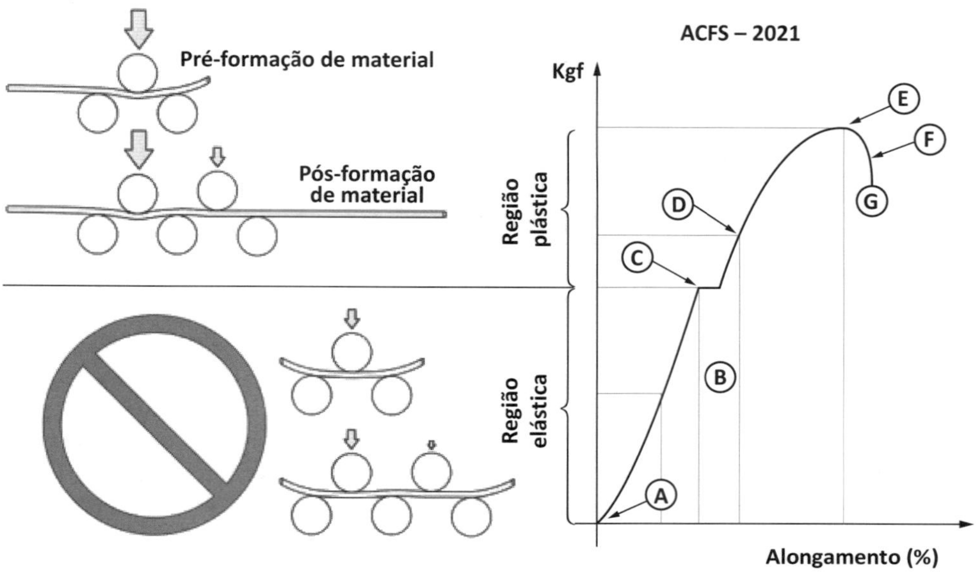

Figura 5.39. Tensões envolvidas no endireitamento.

A seguir, elaboramos um procedimento para ajuste dos tensores conforme a forma desejada do material:

1) Com o auxílio de uma barra de diâmetro similar ao fio que se deseja endireitar, alinhe os roletes móveis do endireitador de forma que a barra deslize entre os rolos livremente, que devem girar sem que haja pressão.

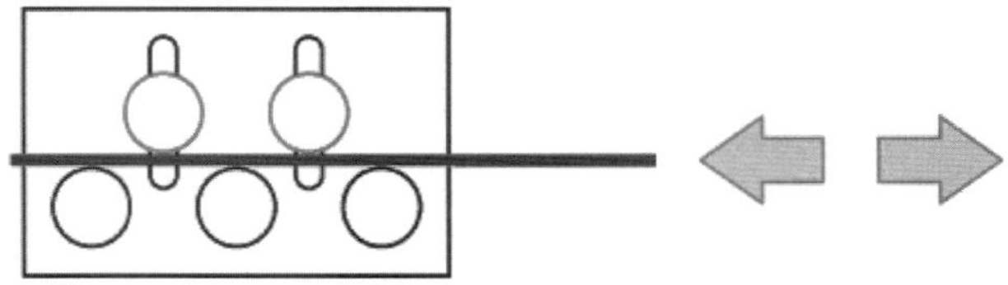

Figura 5.40. Alinhamento dos roletes com barra de referência.

2) Pressionar o primeiro rolete ajustável até que o fio forme uma espira perfeita na saída do endireitador. O diâmetro da espira pode ser algo em torno de 300× o diâmetro do fio (mm). A espira deve apresentar um aspecto liso e sem ondulações ao longo do seu comprimento. Com a espira formada, proceder com o travamento da posição do rolete, para que esse não perca a referência durante a operação do equipamento.

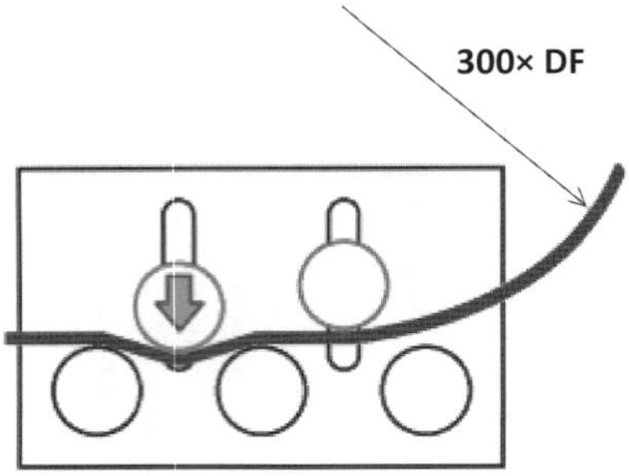

Figura 5.41. Ajuste do primeiro rolete do endireitador.

É muito importante observar a pressão aplicada neste conjunto para remover todas as imperfeições existentes no material (espira danificada, ondulações etc.) antes de passar para o ajuste do rolete que dará a forma final do fio.

Caso as imperfeições (espira danificada, amassado etc.) do fio antes do endireitador não sejam corrigidas, recomendamos aumentar a tensão no primeiro rolete de forma que a espira formada agora tenha o diâmetro de 200×. Se o fio se mantiver sem ondulações, podemos passar para o próximo passo; caso contrário, alivie um pouco a pressão neste rolete até que a ondulação seja eliminada.

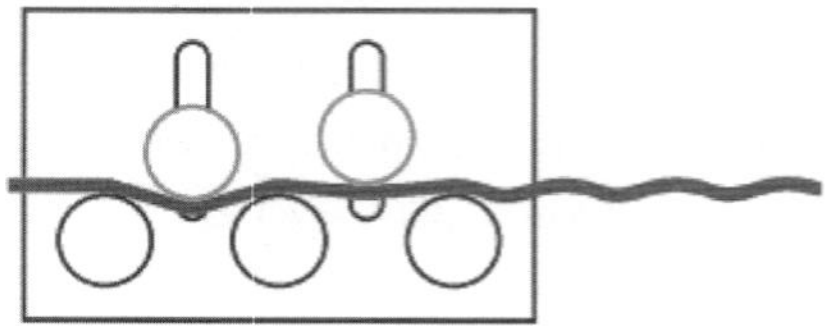

Figura 5.42. Ondulações provenientes do excesso de pressão dos roletes.

3) Pressionar o rolete móvel seguinte para obter a forma final do material. Uma vez atingido o endireitamento desejado, fixar o rolete para garantir que ele não sairá da posição quando o equipamento entrar em operação.

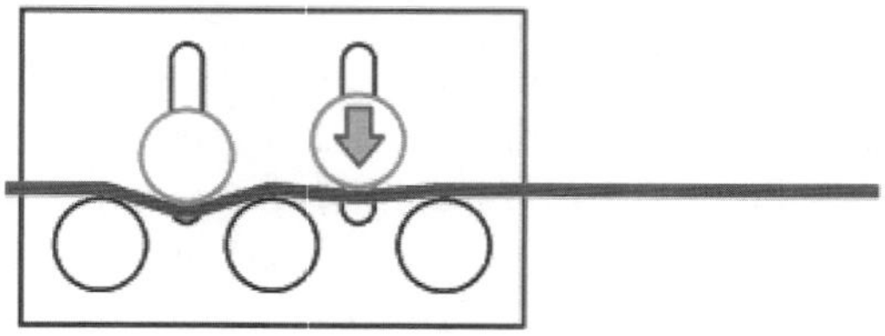

Figura 5.43. Ajuste final do endireitador.

5.9.1 *CAST* E *HELIX*

Um problema muito comum observado em trefilas é o uso de poucas espiras nos blocos. Geralmente, essa prática se deve à falta de conhecimento da equipe de operação que não faz ideia da importância do uso de blocos cheios para que seja otimizada a refrigeração do material. Mas por facilidade de reestabelecer a máquina em caso de quebras de arames, os operadores insistem em trabalhar com poucas espiras nos blocos, o que piora a refrigeração, danifica os blocos e ainda provoca a remoção acidental do material de vários passes. Em virtude da rampa de desaceleração das máquinas, ocorre o esvaziamento total do material em alguns passes e às vezes até de toda a máquina. Assim, o acerto do material durante a trefilação facilita muito a vida do operador da máquina, pois quando o fio não tem suas tensões internas controladas isso pode gerar condições inseguras para as pessoas e para o processo.

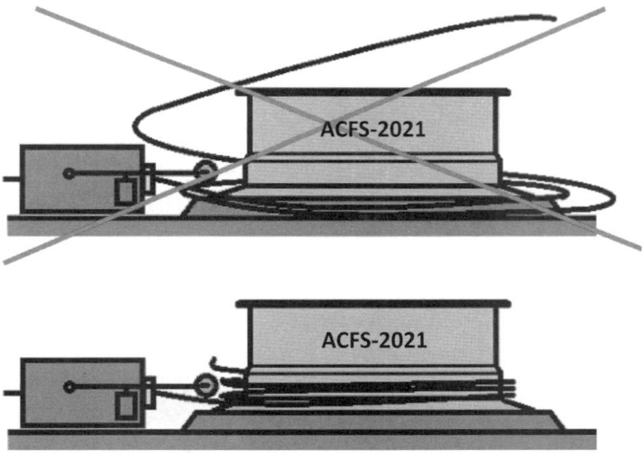

Figura 5.44. Comportamento do fio em função do alinhamento da ferramenta.

Um recurso muito empregado para ajustar o fio ao bloco é a alteração do alinhamento da ferramenta em relação ao eixo de alinhamento do material. Assim, conseguimos dominar o fio ainda durante os passes de trefilação. Esse artifício não é conseguido quando se utilizam fieiras rotativas.

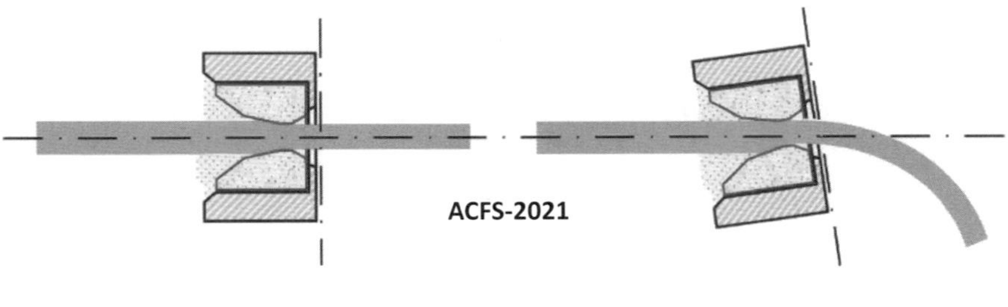

Figura 5.45. Influência do alinhamento da ferramenta no fio.

As máquinas de trefilar empregam alguns equipamentos (bobinadores) que servem para acondicionar o produto de forma que possamos estocá-lo. Os mais utilizados são:

- *Spiders* (estocadores).
- Carretéis fixos ou colapsíveis.
- Barricas.
- Acondicionamento em rolos.

Porém, por conta da sua resistência natural (efeito mola), o aço precisa ser conformado para que seja convenientemente acondicionado nesses dispositivos.

Para uma perfeita conformação do aço, precisamos ajustar o diâmetro da espira (*cast*) e a hélice (*helix*), caso contrário o material não se acomodará no dispositivo de estocagem e ainda oferecerá condições inseguras para quem os manusear, que certamente podem provocar falhas nos processos. O ajuste do *cast* × *helix* se faz nos tensores das máquinas e/ou no ajuste da posição das ferramentas. A seguir, alguns critérios para essa regulagem.

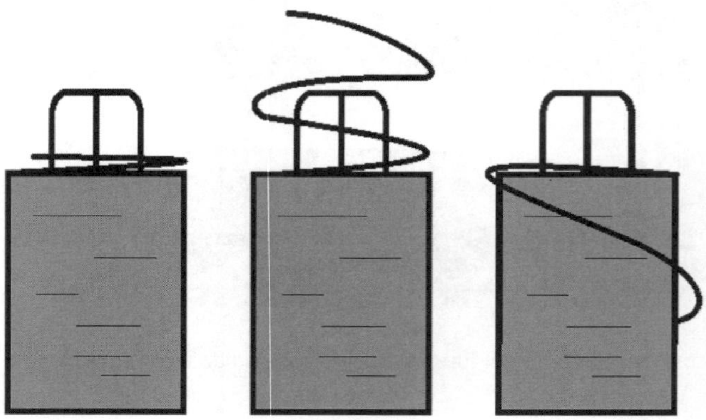

Figura 5.46. Exemplo de estocadores com variação de *cast* × *helix*.

- *Cast*:
  - ▹ *Spiders*: utilizamos a base do estocador como referência máxima para a espira e 5 a 10% com referência mínima. Por exemplo, se a base do estocador for de 500 mm, o diâmetro da espira do fio deverá variar de 450 a 500 mm.
  - ▹ Carretéis: usamos o diâmetro do flange com limite máximo e o mínimo pode ser o diâmetro médio entre o flange e o núcleo do carretel.
  - ▹ Barricas: usamos o diâmetro externo como referência máxima da espira desejada e uma tolerância de 5 a 10% como referência mínima.

- ▹ Rolo: utiliza-se frequentemente o diâmetro do bloco acabador da trefila com uma tolerância mínima de 10 a 20%.

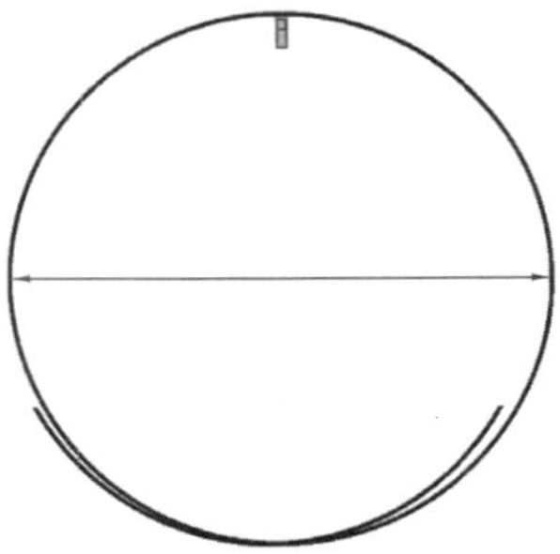

Figura 5.47. Medição do *cast*.

- *Helix*:
  - ▹ Refere-se ao passo formado pelo material ou à hélice. Geralmente, toma-se como referência o zero, mas dependendo do diâmetro do fio e da exigência do cliente e/ou processo consumidor, essa tolerância pode chegar até 50 mm.

Figura 5.48. Medição do *helix*.

5.10 BOBINAMENTO

Ao final do processo de trefilação, o material precisa ser acondicionado para posteriormente ser destinado a outros processos e/ou ao cliente final. Para isso, há dispositivos específicos denominados bobinadores.

Dependendo do uso posterior, os bobinadores geralmente podem dispor do material em rolos, estocadores ou ainda em carretéis.

A seguir, os bobinadores mais empregados na saída das trefilas.

5.10.1 *DEAD-BLOCKS*

São bobinadores que se caracterizam pelo emprego de um bloco estacionário, onde o fio é enrolado em torno de si, sendo um bobinamento que causa torção no fio trefilado e pode acondicionar o material em rolos e/ou estocadores (*spiders*). Em geral, operam a velocidades abaixo de 20 m/s e oferecem um risco à operação caso sua tromba (bica de descida do fio) não esteja bem ancorada, o que pode levar a mesma a girar junto com o bloco.

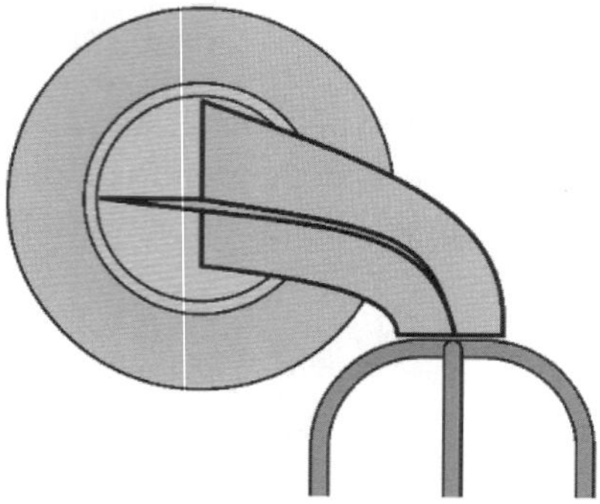

Figura 5.49. Detalhe de um bobinador *dead-block*.

5.10.2 *LIVE-BLOCKS*

São dispositivos em que o bloco gira e traciona o fio. Amplamente empregados em trefilas que produzem bitolas muito grossas (> 15 mm), é composto de bobinadores mais lentos e que não causam torção no fio produzido. O produto pode ser acondicionado em rolos e/ou *spiders*.

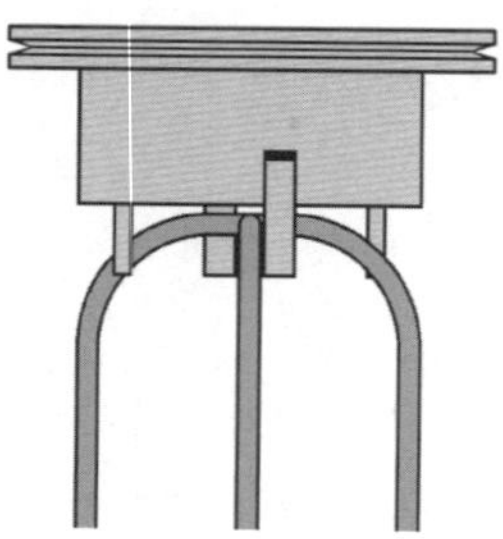

Figura 5.50. Detalhe de um bobinador *live-block*.

5.10.3 BOBINADORES DE CARRETÉIS

São equipamentos que funcionam de forma análoga aos *live-blocks*, porém o material já sai acomodado em carretéis para posterior uso. Também não causam torção nos fios produzidos e podem ser empregados em uma gama muito grande de diâmetros, que podem ser desde os capilares (< 1 mm) até fios muito grossos (10 mm).

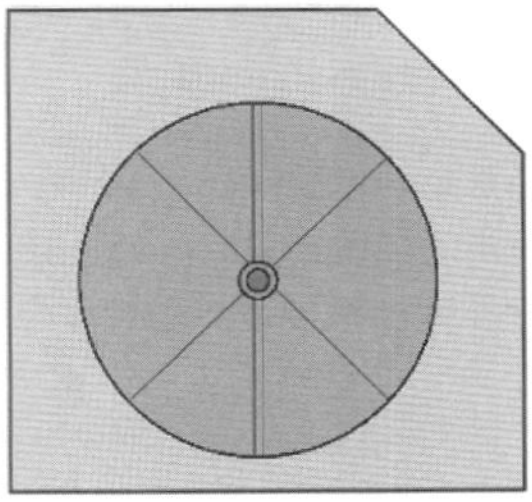

Figura 5.51. Detalhe de um bobinador de carretéis.

5.11 QUEBRAS DE MATERIAL

Durante o processamento do material podem ocorrer falhas que acabam por gerar rupturas do fio. A observação do tipo da quebra pode nos ajudar na determinação das causas mais prováveis que as promoveram:

Tabela 5.4. Tipos de quebras mais comuns em trefila de fios

Aspecto da quebra	Causas mais frequentes
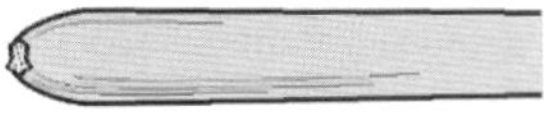 Quebra por tração	• Tem aparência muito fácil de detectar, pois forma um afinamento acentuado na área rompida (estricção). É a quebra mais comum na trefilação. • Podem ocorrer por trancos que decorrem de folgas mecânicas no conjunto bloco redutor, embaraçamento do material no bloco da máquina ou variação na compensação eletrônica. • Desgaste da ferramenta elevando a força de trefilação na saída da ferramenta. • Falha de lubrificação aumentando a força de trefilação de forma similar ao desgaste da ferramenta. • Calibração inadequada, redução muito elevada no passe. • Embaraçamento no bloco anterior ao passe, provocando a tração do material de forma abrupta no passe seguinte.

(*continua*)

Tabela 5.4. Tipos de quebras mais comuns em trefila de fios (*continuação*)

Aspecto da quebra	Causas mais frequentes
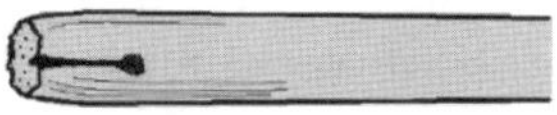 Quebra por incrustação	• São fraturas irregulares que podem ou não apresentar estricção. • Geralmente é possível ver a incrustação de material na falha. • Outro motivo que pode gerar uma quebra similar a esse é a dobra de laminação.
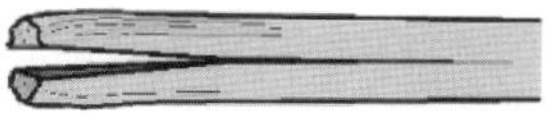 Quebra por risco	• São quebras irregulares com ou sem estricção. • Incrustação de partículas metálicas na ferramenta. • Guias/roldanas gastas. • Desalinhamento de ferramentas.
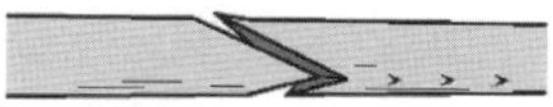 Quebra por falha superficial	• É comum observar a formação de um bisel nas extremidades rompidas. • Desalinhamento da ferramenta é a fonte mais frequente desse tipo de quebra. • Defeitos superficiais do material (dobras de laminação, incrustações, pé de corvo etc.) também podem gerar essas quebras. • O desgaste do material com o bloco e/ou polias gastas que promovem atrito e danos superficiais. • Perda parcial ou total do polimento da fieira. • Formação de anel de desgaste na fieira.
 Quebra frágil	• São caracterizadas pela reduzidíssima estricção ou falta dessa, são quebras bem regulares que se assemelham às quebras de materiais cerâmicos. • Falha na soldagem e/ou revenimento, nesse caso, geralmente são precedidas de marcas de esmerilhamento. • Material com pouca ductilidade e com falha de tratamento térmico podem originar essa quebra.
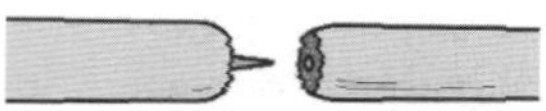 Quebra taça-cone ou ponta de lápis	• Pouca redução. • Ângulo de redução inadequado no perfil da fieira para o material processado. • Falhas internas no material provocadas por incrustações de materiais indesejáveis na estrutura do fio.

5.12 QUESTÕES MAIS FREQUENTES E SUAS SOLUÇÕES

Há dois problemas muito comuns que ocorrem com os produtos trefilados. A seguir, sugerimos procedimentos que podem ajudar a solucionar esses problemas.

5.12.1 PROBLEMAS DE DUCTILIDADE

Consideramos falha de ductilidade:

- Alongamento baixo.
- Relação LR/LR (limite de resistência/limite de escoamento) abaixo do especificado.
- Problemas de estricção.

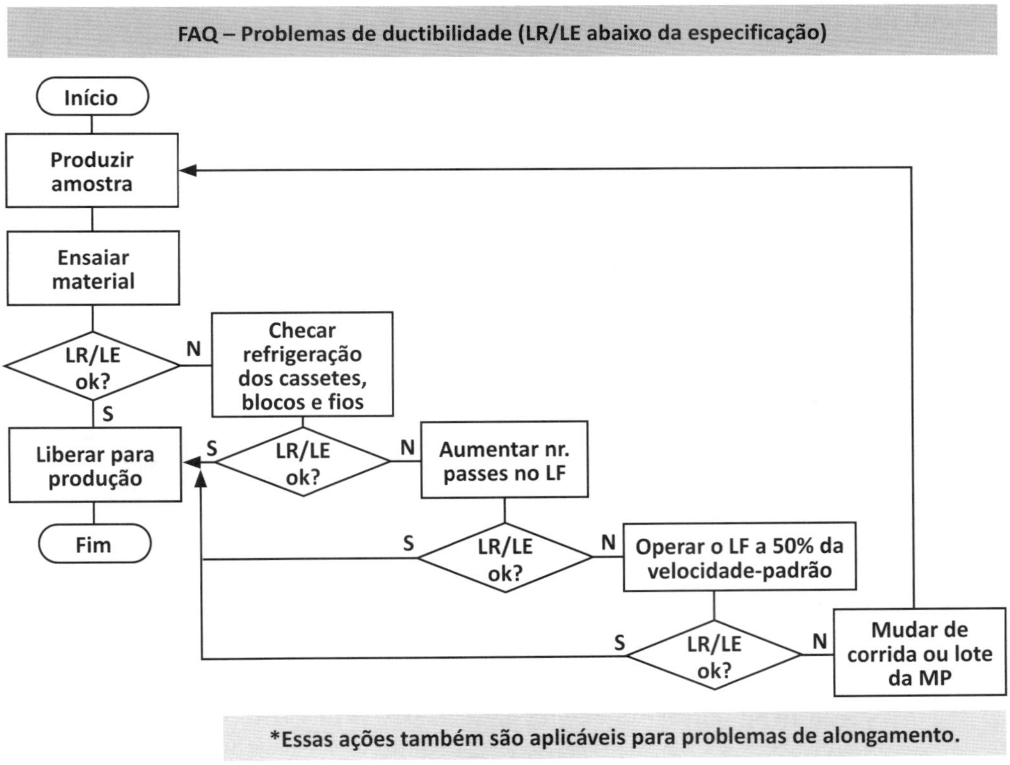

Figura 5.52. Tratamento para minimizar falhas de ductilidade.

5.12.2 PROBLEMAS COM LIMITE DE ESCOAMENTO ABAIXO DO ESPECIFICADO

Durante a trefilação podem ocorrer problemas de não atingimento dos limites de escoamento e/ou resistência mecânica. Para minimizar seus efeitos, podemos proceder de acordo com o fluxo a seguir.

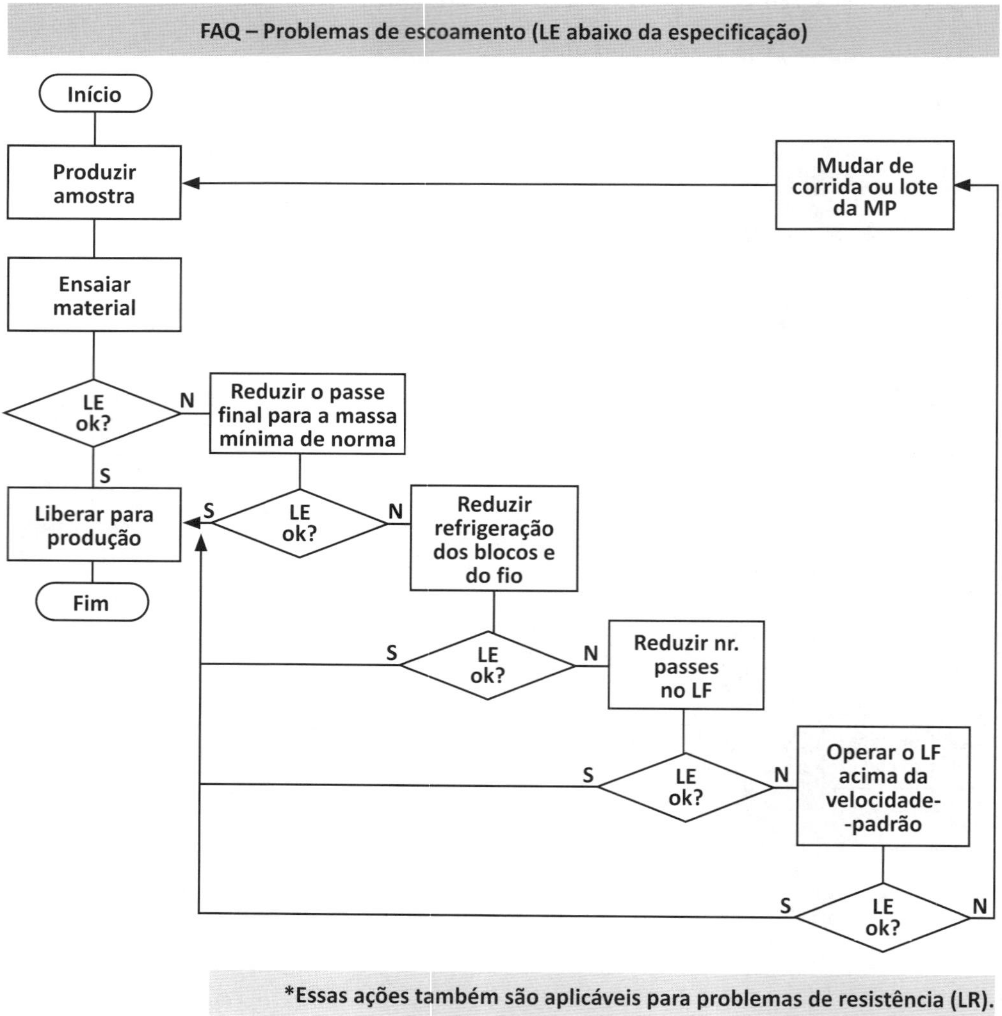

Figura 5.53. Tratamento para minimizar falhas de escoamento ou resistência à tração.

CAPÍTULO 6

Tabelas de apoio

Tabela 6.1. Determinação do número de passes

	Número de passes em função da redução por passe e redução total																													
	10%	11%	12%	13%	14%	15%	16%	17%	18%	19%	20%	21%	22%	23%	24%	25%	26%	27%	28%	29%	30%	31%	32%	33%	34%	35%	36%	37%	38%	39%	40%
10%	1	-	-	-	-	-	-	-	-	-	-	-	-	-	-	-	-	-	-	-	-	-	-	-	-	-	-	-	-	-	-
12%	1	1	1	-	-	-	-	-	-	-	-	-	-	-	-	-	-	-	-	-	-	-	-	-	-	-	-	-	-	-	-
14%	1	1	1	1	1	-	-	-	-	-	-	-	-	-	-	-	-	-	-	-	-	-	-	-	-	-	-	-	-	-	-
16%	2	1	1	1	1	1	1	-	-	-	-	-	-	-	-	-	-	-	-	-	-	-	-	-	-	-	-	-	-	-	-
18%	2	2	2	1	1	1	1	1	1	-	-	-	-	-	-	-	-	-	-	-	-	-	-	-	-	-	-	-	-	-	-
20%	2	2	2	2	1	1	1	1	1	1	1	-	-	-	-	-	-	-	-	-	-	-	-	-	-	-	-	-	-	-	-
22%	2	2	2	2	2	2	1	1	1	1	1	1	1	-	-	-	-	-	-	-	-	-	-	-	-	-	-	-	-	-	-
24%	3	2	2	2	2	2	2	1	1	1	1	1	1	1	1	-	-	-	-	-	-	-	-	-	-	-	-	-	-	-	-
26%	3	3	2	2	2	2	2	2	2	1	1	1	1	1	1	1	1	-	-	-	-	-	-	-	-	-	-	-	-	-	-
28%	3	3	3	2	2	2	2	2	2	2	1	1	1	1	1	1	1	1	1	-	-	-	-	-	-	-	-	-	-	-	-
30%	3	3	3	3	2	2	2	2	2	2	2	2	1	1	1	1	1	1	1	1	1	-	-	-	-	-	-	-	-	-	-
32%	4	3	3	3	3	2	2	2	2	2	2	2	2	1	1	1	1	1	1	1	1	1	1	-	-	-	-	-	-	-	-
34%	4	4	3	3	3	3	2	2	2	2	2	2	2	2	2	1	1	1	1	1	1	1	1	1	1	-	-	-	-	-	-
36%	4	4	3	3	3	3	3	2	2	2	2	2	2	2	2	2	1	1	1	1	1	1	1	1	1	1	1	-	-	-	-
38%	5	4	4	3	3	3	3	3	2	2	2	2	2	2	2	2	2	2	1	1	1	1	1	1	1	1	1	1	1	-	-
40%	5	4	4	4	3	3	3	3	3	2	2	2	2	2	2	2	2	2	2	1	1	1	1	1	1	1	1	1	1	1	1
42%	5	5	4	4	4	3	3	3	3	3	2	2	2	2	2	2	2	2	2	2	2	1	1	1	1	1	1	1	1	1	1
44%	6	5	5	4	4	4	3	3	3	3	3	2	2	2	2	2	2	2	2	2	2	2	2	1	1	1	1	1	1	1	1
46%	6	5	5	4	4	4	4	3	3	3	3	3	2	2	2	2	2	2	2	2	2	2	2	2	1	1	1	1	1	1	1
48%	6	6	5	5	4	4	4	4	3	3	3	3	3	3	2	2	2	2	2	2	2	2	2	2	2	2	1	1	1	1	1
50%	7	6	5	5	5	4	4	4	3	3	3	3	3	3	3	2	2	2	2	2	2	2	2	2	2	2	2	2	1	1	1

(*continua*)

Tabela 6.1. Determinação do número de passes (*continuação*)

	Número de passes em função da redução por passe e redução total																													
	10%	**11%**	**12%**	**13%**	**14%**	**15%**	**16%**	**17%**	**18%**	**19%**	**20%**	**21%**	**22%**	**23%**	**24%**	**25%**	**26%**	**27%**	**28%**	**29%**	**30%**	**31%**	**32%**	**33%**	**34%**	**35%**	**36%**	**37%**	**38%**	**39%**	**40%**
52%	7	6	6	5	5	5	4	4	4	3	3	3	3	3	3	2	2	2	2	2	2	2	2	2	2	2	2	2	2	1	1
54%	7	7	6	6	5	5	4	4	4	4	3	3	3	3	3	3	3	2	2	2	2	2	2	2	2	2	2	2	2	2	2
56%	8	7	6	6	5	5	5	4	4	4	4	3	3	3	3	3	3	3	2	2	2	2	2	2	2	2	2	2	2	2	2
58%	8	7	7	6	6	5	5	5	4	4	4	4	3	3	3	3	3	3	3	3	2	2	2	2	2	2	2	2	2	2	2
60%	9	8	7	7	6	6	5	5	5	4	4	4	4	4	3	3	3	3	3	3	3	2	2	2	2	2	2	2	2	2	2
62%	9	8	8	7	6	6	6	5	5	5	4	4	4	4	4	3	3	3	3	3	3	3	3	2	2	2	2	2	2	2	2
64%	10	9	8	7	7	6	6	5	5	5	5	4	4	4	4	4	3	3	3	3	3	3	3	3	2	2	2	2	2	2	2
66%	10	9	8	8	7	7	6	6	5	5	5	5	4	4	4	4	4	3	3	3	3	3	3	3	3	3	2	2	2	2	2
68%	11	10	9	8	8	7	7	6	6	5	5	5	5	4	4	4	4	4	3	3	3	3	3	3	3	3	3	2	2	2	2
70%	11	10	9	9	8	7	7	6	6	6	5	5	5	5	4	4	4	4	4	4	3	3	3	3	3	3	3	3	3	2	2
72%	12	11	10	9	8	8	7	7	6	6	6	5	5	5	5	4	4	4	4	4	4	3	3	3	3	3	3	3	3	3	2
74%	13	12	11	10	9	8	8	7	7	6	6	6	5	5	5	5	4	4	4	4	4	4	3	3	3	3	3	3	3	3	3
76%	14	12	11	10	9	9	8	8	7	7	6	6	6	5	5	5	5	5	4	4	4	4	4	4	3	3	3	3	3	3	3
78%	14	13	12	11	10	9	9	8	8	7	7	6	6	6	6	5	5	5	5	4	4	4	4	4	4	4	3	3	3	3	3
80%	15	14	13	12	11	10	9	9	8	8	7	7	6	6	6	6	5	5	5	5	5	4	4	4	4	4	4	3	3	3	3
82%	16	15	13	12	11	11	10	9	9	8	8	7	7	7	6	6	6	5	5	5	5	5	4	4	4	4	4	4	4	3	3
84%	17	16	14	13	12	11	11	10	9	8	8	8	7	7	7	6	6	6	6	5	5	5	5	5	4	4	4	4	4	4	4
86%	19	17	15	14	13	12	11	11	10	9	9	8	8	8	7	7	7	6	6	6	6	5	5	5	5	5	4	4	4	4	4
88%	20	18	17	15	14	13	12	11	11	10	10	9	9	8	8	7	7	7	6	6	6	6	5	5	5	5	5	5	4	4	4
90%	22	20	18	17	15	14	13	12	12	11	10	10	9	9	8	8	8	7	7	7	6	6	6	6	6	5	5	5	5	5	5
92%	24	22	20	18	17	16	14	14	13	12	11	11	10	10	9	9	8	8	8	7	7	7	7	6	6	6	6	5	5	5	5

Tabela 6.2. Conversão de CV em HP (parte 1)

Cavalo-vapor (CV) / Horse-power (Hp)

Cavalo-vapor (CV)	0	1	2	3	4	5	6	7	8	9
0	-	1	2	3	4	5	6	7	8	9
10	10	11	12	13	14	15	16	17	18	19
20	20	21	22	23	24	25	26	27	28	29
30	30	31	32	33	34	35	36	36	37	38
40	39	40	41	42	43	44	45	46	47	48
50	49	50	51	52	53	54	55	56	57	58
60	59	60	61	62	63	64	65	66	67	68
70	69	70	71	72	73	74	75	76	77	78
80	79	80	81	82	83	84	85	86	87	88
90	89	90	91	92	93	94	95	96	97	98
100	99	100	101	102	103	104	105	106	107	108
110	109	109	110	111	112	113	114	115	116	117
120	118	119	120	121	122	123	124	125	126	127
130	128	129	130	131	132	133	134	135	136	137
140	138	139	140	141	142	143	144	145	146	147
150	148	149	150	151	152	153	154	155	156	157
160	158	159	160	161	162	163	164	165	166	167
170	168	169	170	171	172	173	174	175	176	177
180	178	179	180	181	181	182	183	184	185	186
190	187	188	189	190	191	192	193	194	195	196
200	197	198	199	200	201	202	203	204	205	206
210	207	208	209	210	211	212	213	214	215	216
220	217	218	219	220	221	222	223	224	225	226
230	227	228	229	230	231	232	233	234	235	236
240	237	238	239	240	241	242	243	244	245	246
250	247	248	249	250	251	252	253	253	254	255
260	256	257	258	259	260	261	262	263	264	265
270	266	267	268	269	270	271	272	273	274	275
280	276	277	278	279	280	281	282	283	284	285
290	286	287	288	289	290	291	292	293	294	295
300	296	297	298	299	300	301	302	303	304	305
310	306	307	308	309	310	311	312	313	314	315
320	316	317	318	319	320	321	322	323	324	325
330	325	326	327	328	329	330	331	332	333	334
340	335	336	337	338	339	340	341	342	343	344
350	345	346	347	348	349	350	351	352	353	354
360	355	356	357	358	359	360	361	362	363	364
370	365	366	367	368	369	370	371	372	373	374
380	375	376	377	378	379	380	381	382	383	384
390	385	386	387	388	389	390	391	392	393	394
400	395	396	397	397	398	399	400	401	402	403

Tabela 6.3. Conversão de CV em HP (parte 2)

Quilowatt (kW)	Quilowatt (kW)									
	0	**1**	**2**	**3**	**4**	**5**	**6**	**7**	**8**	**9**
0	-	1	3	4	5	7	8	10	11	12
10	14	15	16	18	19	20	22	23	24	26
20	27	29	30	31	33	34	35	37	38	39
30	41	42	44	45	46	48	49	50	52	53
40	54	56	57	58	60	61	63	64	65	67
50	68	69	71	72	73	75	76	78	79	80
60	82	83	84	86	87	88	90	91	92	94
70	95	97	98	99	101	102	103	105	106	107
80	109	110	111	113	114	116	117	118	120	121
90	122	124	125	126	128	129	131	132	133	135
100	136	137	139	140	141	143	144	145	147	148
110	150	151	152	154	154	156	158	159	160	162
120	163	165	166	167	169	170	171	173	174	175
130	177	178	179	181	182	184	185	186	188	189
140	190	192	193	194	196	197	199	200	201	203
150	204	205	207	208	209	211	212	213	215	216
160	218	219	220	222	223	224	226	227	228	230
170	231	233	234	235	237	238	239	241	242	243
180	245	246	247	249	250	252	253	254	256	257
190	258	260	261	262	264	265	266	268	269	271
200	272	273	275	276	277	279	280	281	283	284
210	286	287	288	290	291	292	294	295	296	298
220	299	300	302	303	305	306	307	309	310	311
230	313	314	315	317	318	320	321	322	324	325
240	326	328	329	330	332	333	334	336	337	339
250	340	341	343	344	345	347	348	349	351	352
260	354	355	356	358	359	360	362	363	364	366
270	367	368	370	371	373	374	375	377	378	379
280	381	382	383	385	386	387	389	390	392	393
290	394	396	397	398	400	401	402	404	405	407
300	408	409	411	412	413	415	416	417	419	420
310	421	423	424	426	427	428	430	431	432	434
320	435	436	438	439	441	442	443	445	446	447
330	449	450	451	453	454	455	457	458	460	461
340	462	464	465	466	468	469	470	472	473	475
350	476	477	479	480	481	483	484	485	487	488
360	489	491	492	494	495	496	498	499	500	502
370	503	504	506	507	509	510	511	513	514	515
380	517	518	519	521	522	523	525	526	528	529
390	530	532	533	534	536	537	538	540	541	542
400	544	545	547	548	549	551	552	553	555	556

Cavalo-vapor (CV)

Tabela 6.4. Determinação do diâmetro final do fio

	Cálculo do diâmetro final em função da redução de área																							
Diâm.	**1%**	**2%**	**3%**	**4%**	**5%**	**6%**	**7%**	**8%**	**9%**	**10%**	**12%**	**14%**	**16%**	**18%**	**20%**	**22%**	**24%**	**26%**	**28%**	**30%**	**32%**	**34%**	**36%**	**38%**	**40%**
1,00	0,99	0,99	0,98	0,98	0,97	0,97	0,96	0,96	0,95	0,95	0,94	0,93	0,92	0,91	0,89	0,88	0,87	0,86	0,85	0,84	0,82	0,81	0,80	0,79	0,77
1,10	1,09	1,09	1,08	1,08	1,07	1,07	1,06	1,06	1,05	1,04	1,03	1,02	1,01	1,00	0,98	0,97	0,96	0,95	0,93	0,92	0,91	0,89	0,88	0,87	0,85
1,20	1,19	1,19	1,18	1,18	1,17	1,16	1,16	1,15	1,14	1,14	1,13	1,11	1,10	1,09	1,07	1,06	1,05	1,03	1,02	1,00	0,99	0,97	0,96	0,94	0,93
1,30	1,29	1,29	1,28	1,27	1,27	1,26	1,25	1,25	1,24	1,23	1,22	1,21	1,19	1,18	1,16	1,15	1,13	1,12	1,10	1,09	1,07	1,06	1,04	1,02	1,01
1,40	1,39	1,39	1,38	1,37	1,36	1,36	1,35	1,34	1,34	1,33	1,31	1,30	1,28	1,27	1,25	1,24	1,22	1,20	1,19	1,17	1,15	1,14	1,12	1,10	1,08
1,50	1,49	1,48	1,48	1,47	1,46	1,45	1,45	1,44	1,43	1,42	1,41	1,39	1,37	1,36	1,34	1,32	1,31	1,29	1,27	1,25	1,24	1,22	1,20	1,18	1,16
1,60	1,59	1,58	1,58	1,57	1,56	1,55	1,54	1,53	1,53	1,52	1,50	1,48	1,47	1,45	1,43	1,41	1,39	1,38	1,36	1,34	1,32	1,30	1,28	1,26	1,24
1,70	1,69	1,68	1,67	1,67	1,66	1,65	1,64	1,63	1,62	1,61	1,59	1,58	1,56	1,54	1,52	1,50	1,48	1,46	1,44	1,42	1,40	1,38	1,36	1,34	1,32
1,80	1,79	1,78	1,77	1,76	1,75	1,75	1,74	1,73	1,72	1,71	1,69	1,67	1,65	1,63	1,61	1,59	1,57	1,55	1,53	1,51	1,48	1,46	1,44	1,42	1,39
1,90	1,89	1,88	1,87	1,86	1,85	1,84	1,83	1,82	1,81	1,80	1,78	1,76	1,74	1,72	1,70	1,68	1,66	1,63	1,61	1,59	1,57	1,54	1,52	1,50	1,47
2,00	1,99	1,98	1,97	1,96	1,95	1,94	1,93	1,92	1,91	1,90	1,88	1,85	1,83	1,81	1,79	1,77	1,74	1,72	1,70	1,67	1,65	1,62	1,60	1,57	1,55
2,10	2,09	2,08	2,07	2,06	2,05	2,04	2,03	2,01	2,00	1,99	1,97	1,95	1,92	1,90	1,88	1,85	1,83	1,81	1,78	1,76	1,73	1,71	1,68	1,65	1,63
2,20	2,19	2,18	2,17	2,16	2,14	2,13	2,12	2,11	2,10	2,09	2,06	2,04	2,02	1,99	1,97	1,94	1,92	1,89	1,87	1,84	1,81	1,79	1,76	1,73	1,70
2,30	2,29	2,28	2,27	2,25	2,24	2,23	2,22	2,21	2,19	2,18	2,16	2,13	2,11	2,08	2,06	2,03	2,01	1,98	1,95	1,92	1,90	1,87	1,84	1,81	1,78
2,40	2,39	2,38	2,36	2,35	2,34	2,33	2,31	2,30	2,29	2,28	2,25	2,23	2,20	2,17	2,15	2,12	2,09	2,06	2,04	2,01	1,98	1,95	1,92	1,89	1,86
2,50	2,49	2,47	2,46	2,45	2,44	2,42	2,41	2,40	2,38	2,37	2,35	2,32	2,29	2,26	2,24	2,21	2,18	2,15	2,12	2,09	2,06	2,03	2,00	1,97	1,94
2,60	2,59	2,57	2,56	2,55	2,53	2,52	2,51	2,49	2,48	2,47	2,44	2,41	2,38	2,35	2,33	2,30	2,27	2,24	2,21	2,18	2,14	2,11	2,08	2,05	2,01
2,70	2,69	2,67	2,66	2,65	2,63	2,62	2,60	2,59	2,58	2,56	2,53	2,50	2,47	2,44	2,41	2,38	2,35	2,32	2,29	2,26	2,23	2,19	2,16	2,13	2,09
2,80	2,79	2,77	2,76	2,74	2,73	2,71	2,70	2,69	2,67	2,66	2,63	2,60	2,57	2,54	2,50	2,47	2,44	2,41	2,38	2,34	2,31	2,27	2,24	2,20	2,17
2,90	2,89	2,87	2,86	2,84	2,83	2,81	2,80	2,78	2,77	2,75	2,72	2,69	2,66	2,63	2,59	2,56	2,53	2,49	2,46	2,43	2,39	2,36	2,32	2,28	2,25
3,00	2,98	2,97	2,95	2,94	2,92	2,91	2,89	2,88	2,86	2,85	2,81	2,78	2,75	2,72	2,68	2,65	2,62	2,58	2,55	2,51	2,47	2,44	2,40	2,36	2,32
3,10	3,08	3,07	3,05	3,04	3,02	3,01	2,99	2,97	2,96	2,94	2,91	2,87	2,84	2,81	2,77	2,74	2,70	2,67	2,63	2,59	2,56	2,52	2,48	2,44	2,40
3,20	3,18	3,17	3,15	3,14	3,12	3,10	3,09	3,07	3,05	3,04	3,00	2,97	2,93	2,90	2,86	2,83	2,79	2,75	2,72	2,68	2,64	2,60	2,56	2,52	2,48

(*continua*)

Tabela 6.4. Determinação do diâmetro final do fio (*continuação*)

	Cálculo do diâmetro final em função da redução de área																							
Diâm.	**1%**	**2%**	**3%**	**4%**	**5%**	**6%**	**7%**	**8%**	**9%**	**10%**	**12%**	**14%**	**16%**	**18%**	**20%**	**22%**	**24%**	**26%**	**28%**	**30%**	**32%**	**34%**	**36%**	**38%**	**40%**
3,30	3,28	3,27	3,25	3,23	3,22	3,20	3,18	3,17	3,15	3,13	3,10	3,06	3,02	2,99	2,95	2,91	2,88	2,84	2,80	2,76	2,72	2,68	2,64	2,60	2,56
3,40	3,38	3,37	3,35	3,33	3,31	3,30	3,28	3,26	3,24	3,23	3,19	3,15	3,12	3,08	3,04	3,00	2,96	2,92	2,88	2,84	2,80	2,76	2,72	2,68	2,63
3,50	3,48	3,46	3,45	3,43	3,41	3,39	3,38	3,36	3,34	3,32	3,28	3,25	3,21	3,17	3,13	3,09	3,05	3,01	2,97	2,93	2,89	2,84	2,80	2,76	2,71
3,60	3,58	3,56	3,55	3,53	3,51	3,49	3,47	3,45	3,43	3,42	3,38	3,34	3,30	3,26	3,22	3,18	3,14	3,10	3,05	3,01	2,97	2,92	2,88	2,83	2,79
3,70	3,68	3,66	3,64	3,63	3,61	3,59	3,57	3,55	3,53	3,51	3,47	3,43	3,39	3,35	3,31	3,27	3,23	3,18	3,14	3,10	3,05	3,01	2,96	2,91	2,87
3,80	3,78	3,76	3,74	3,72	3,70	3,68	3,66	3,64	3,62	3,60	3,56	3,52	3,48	3,44	3,40	3,36	3,31	3,27	3,22	3,18	3,13	3,09	3,04	2,99	2,94
3,90	3,88	3,86	3,84	3,82	3,80	3,78	3,76	3,74	3,72	3,70	3,66	3,62	3,57	3,53	3,49	3,44	3,40	3,35	3,31	3,26	3,22	3,17	3,12	3,07	3,02
4,00	3,98	3,96	3,94	3,92	3,90	3,88	3,86	3,84	3,82	3,79	3,75	3,71	3,67	3,62	3,58	3,53	3,49	3,44	3,39	3,35	3,30	3,25	3,20	3,15	3,10
4,10	4,08	4,06	4,04	4,02	4,00	3,98	3,95	3,93	3,91	3,89	3,85	3,80	3,76	3,71	3,67	3,62	3,57	3,53	3,48	3,43	3,38	3,33	3,28	3,23	3,18
4,20	4,18	4,16	4,14	4,12	4,09	4,07	4,05	4,03	4,01	3,98	3,94	3,89	3,85	3,80	3,76	3,71	3,66	3,61	3,56	3,51	3,46	3,41	3,36	3,31	3,25
4,30	4,28	4,26	4,24	4,21	4,19	4,17	4,15	4,12	4,10	4,08	4,03	3,99	3,94	3,89	3,85	3,80	3,75	3,70	3,65	3,60	3,55	3,49	3,44	3,39	3,33
4,40	4,38	4,36	4,33	4,31	4,29	4,27	4,24	4,22	4,20	4,17	4,13	4,08	4,03	3,98	3,94	3,89	3,84	3,79	3,73	3,68	3,63	3,57	3,52	3,46	3,41
4,50	4,48	4,45	4,43	4,41	4,39	4,36	4,34	4,32	4,29	4,27	4,22	4,17	4,12	4,07	4,02	3,97	3,92	3,87	3,82	3,76	3,71	3,66	3,60	3,54	3,49
4,60	4,58	4,55	4,53	4,51	4,48	4,46	4,44	4,41	4,39	4,36	4,32	4,27	4,22	4,17	4,11	4,06	4,01	3,96	3,90	3,85	3,79	3,74	3,68	3,62	3,56
4,70	4,68	4,65	4,63	4,61	4,58	4,56	4,53	4,51	4,48	4,46	4,41	4,36	4,31	4,26	4,20	4,15	4,10	4,04	3,99	3,93	3,88	3,82	3,76	3,70	3,64
4,80	4,78	4,75	4,73	4,70	4,68	4,65	4,63	4,60	4,58	4,55	4,50	4,45	4,40	4,35	4,29	4,24	4,18	4,13	4,07	4,02	3,96	3,90	3,84	3,78	3,72
4,90	4,88	4,85	4,83	4,80	4,78	4,75	4,73	4,70	4,67	4,65	4,60	4,54	4,49	4,44	4,38	4,33	4,27	4,22	4,16	4,10	4,04	3,98	3,92	3,86	3,80
5,00	4,97	4,95	4,92	4,90	4,87	4,85	4,82	4,80	4,77	4,74	4,69	4,64	4,58	4,53	4,47	4,42	4,36	4,30	4,24	4,18	4,12	4,06	4,00	3,94	3,87
5,10	5,07	5,05	5,02	5,00	4,97	4,94	4,92	4,89	4,87	4,84	4,78	4,73	4,67	4,62	4,56	4,50	4,45	4,39	4,33	4,27	4,21	4,14	4,08	4,02	3,95
5,20	5,17	5,15	5,12	5,09	5,07	5,04	5,01	4,99	4,96	4,93	4,88	4,82	4,77	4,71	4,65	4,59	4,53	4,47	4,41	4,35	4,29	4,22	4,16	4,09	4,03
5,30	5,27	5,25	5,22	5,19	5,17	5,14	5,11	5,08	5,06	5,03	4,97	4,92	4,86	4,80	4,74	4,68	4,62	4,56	4,50	4,43	4,37	4,31	4,24	4,17	4,11
5,40	5,37	5,35	5,32	5,29	5,26	5,24	5,21	5,18	5,15	5,12	5,07	5,01	4,95	4,89	4,83	4,77	4,71	4,65	4,58	4,52	4,45	4,39	4,32	4,25	4,18
5,50	5,47	5,44	5,42	5,39	5,36	5,33	5,30	5,28	5,25	5,22	5,16	5,10	5,04	4,98	4,92	4,86	4,79	4,73	4,67	4,60	4,54	4,47	4,40	4,33	4,26

(*continua*)

Tabela 6.4. Determinação do diâmetro final do fio (*continuação*)

	Cálculo do diâmetro final em função da redução de área																								
Diâm.	1%	2%	3%	4%	5%	6%	7%	8%	9%	10%	12%	14%	16%	18%	20%	22%	24%	26%	28%	30%	32%	34%	36%	38%	40%
5,60	5,57	5,54	5,52	5,49	5,46	5,43	5,40	5,37	5,34	5,31	5,25	5,19	5,13	5,07	5,01	4,95	4,88	4,82	4,75	4,69	4,62	4,55	4,48	4,41	4,34
5,70	5,67	5,64	5,61	5,58	5,56	5,53	5,50	5,47	5,44	5,41	5,35	5,29	5,22	5,16	5,10	5,03	4,97	4,90	4,84	4,77	4,70	4,63	4,56	4,49	4,42
5,80	5,77	5,74	5,71	5,68	5,65	5,62	5,59	5,56	5,53	5,50	5,44	5,38	5,32	5,25	5,19	5,12	5,06	4,99	4,92	4,85	4,78	4,71	4,64	4,57	4,49
5,90	5,87	5,84	5,81	5,78	5,75	5,72	5,69	5,66	5,63	5,60	5,53	5,47	5,41	5,34	5,28	5,21	5,14	5,08	5,01	4,94	4,87	4,79	4,72	4,65	4,57
6,00	5,97	5,94	5,91	5,88	5,85	5,82	5,79	5,75	5,72	5,69	5,63	5,56	5,50	5,43	5,37	5,30	5,23	5,16	5,09	5,02	4,95	4,87	4,80	4,72	4,65
6,10	6,07	6,04	6,01	5,98	5,95	5,91	5,88	5,85	5,82	5,79	5,72	5,66	5,59	5,52	5,46	5,39	5,32	5,25	5,18	5,10	5,03	4,96	4,88	4,80	4,73
6,20	6,17	6,14	6,11	6,07	6,04	6,01	5,98	5,95	5,91	5,88	5,82	5,75	5,68	5,61	5,55	5,48	5,41	5,33	5,26	5,19	5,11	5,04	4,96	4,88	4,80
6,30	6,27	6,24	6,20	6,17	6,14	6,11	6,08	6,04	6,01	5,98	5,91	5,84	5,77	5,70	5,63	5,56	5,49	5,42	5,35	5,27	5,20	5,12	5,04	4,96	4,88
6,40	6,37	6,34	6,30	6,27	6,24	6,21	6,17	6,14	6,11	6,07	6,00	5,94	5,87	5,80	5,72	5,65	5,58	5,51	5,43	5,35	5,28	5,20	5,12	5,04	4,96
6,50	6,47	6,43	6,40	6,37	6,34	6,30	6,27	6,23	6,20	6,17	6,10	6,03	5,96	5,89	5,81	5,74	5,67	5,59	5,52	5,44	5,36	5,28	5,20	5,12	5,03
6,60	6,57	6,53	6,50	6,47	6,43	6,40	6,36	6,33	6,30	6,26	6,19	6,12	6,05	5,98	5,90	5,83	5,75	5,68	5,60	5,52	5,44	5,36	5,28	5,20	5,11
6,70	6,67	6,63	6,60	6,56	6,53	6,50	6,46	6,43	6,39	6,36	6,29	6,21	6,14	6,07	5,99	5,92	5,84	5,76	5,69	5,61	5,52	5,44	5,36	5,28	5,19
6,80	6,77	6,73	6,70	6,66	6,63	6,59	6,56	6,52	6,49	6,45	6,38	6,31	6,23	6,16	6,08	6,01	5,93	5,85	5,77	5,69	5,61	5,52	5,44	5,35	5,27
6,90	6,87	6,83	6,80	6,76	6,73	6,69	6,65	6,62	6,58	6,55	6,47	6,40	6,32	6,25	6,17	6,09	6,02	5,94	5,85	5,77	5,69	5,61	5,52	5,43	5,34
7,00	6,96	6,93	6,89	6,86	6,82	6,79	6,75	6,71	6,68	6,64	6,57	6,49	6,42	6,34	6,26	6,18	6,10	6,02	5,94	5,86	5,77	5,69	5,60	5,51	5,42
7,10	7,06	7,03	6,99	6,96	6,92	6,88	6,85	6,81	6,77	6,74	6,66	6,58	6,51	6,43	6,35	6,27	6,19	6,11	6,02	5,94	5,85	5,77	5,68	5,59	5,50
7,20	7,16	7,13	7,09	7,05	7,02	6,98	6,94	6,91	6,87	6,83	6,75	6,68	6,60	6,52	6,44	6,36	6,28	6,19	6,11	6,02	5,94	5,85	5,76	5,67	5,58
7,30	7,26	7,23	7,19	7,15	7,12	7,08	7,04	7,00	6,96	6,93	6,85	6,77	6,69	6,61	6,53	6,45	6,36	6,28	6,19	6,11	6,02	5,93	5,84	5,75	5,65
7,40	7,36	7,33	7,29	7,25	7,21	7,17	7,14	7,10	7,06	7,02	6,94	6,86	6,78	6,70	6,62	6,54	6,45	6,37	6,28	6,19	6,10	6,01	5,92	5,83	5,73
7,50	7,46	7,42	7,39	7,35	7,31	7,27	7,23	7,19	7,15	7,12	7,04	6,96	6,87	6,79	6,71	6,62	6,54	6,45	6,36	6,27	6,18	6,09	6,00	5,91	5,81
7,60	7,56	7,52	7,49	7,45	7,41	7,37	7,33	7,29	7,25	7,21	7,13	7,05	6,97	6,88	6,80	6,71	6,63	6,54	6,45	6,36	6,27	6,17	6,08	5,98	5,89
7,70	7,66	7,62	7,58	7,54	7,51	7,47	7,43	7,39	7,35	7,30	7,22	7,14	7,06	6,97	6,89	6,80	6,71	6,62	6,53	6,44	6,35	6,26	6,16	6,06	5,96
7,80	7,76	7,72	7,68	7,64	7,60	7,56	7,52	7,48	7,44	7,40	7,32	7,23	7,15	7,06	6,98	6,89	6,80	6,71	6,62	6,53	6,43	6,34	6,24	6,14	6,04
7,90	7,86	7,82	7,78	7,74	7,70	7,66	7,62	7,58	7,54	7,49	7,41	7,33	7,24	7,15	7,07	6,98	6,89	6,80	6,70	6,61	6,51	6,42	6,32	6,22	6,12

(*continua*)

Tabela 6.4. Determinação do diâmetro final do fio (*continuação*)

	Cálculo do diâmetro final em função da redução de área																							
Diâm.	**1%**	**2%**	**3%**	**4%**	**5%**	**6%**	**7%**	**8%**	**9%**	**10%**	**12%**	**14%**	**16%**	**18%**	**20%**	**22%**	**24%**	**26%**	**28%**	**30%**	**32%**	**34%**	**36%**	**38%**	**40%**
8,00	7,96	7,92	7,88	7,84	7,80	7,76	7,71	7,67	7,63	7,59	7,50	7,42	7,33	7,24	7,16	7,07	6,97	6,88	6,79	6,69	6,60	6,50	6,40	6,30	6,20
8,10	8,06	8,02	7,98	7,94	7,89	7,85	7,81	7,77	7,73	7,68	7,60	7,51	7,42	7,33	7,24	7,15	7,06	6,97	6,87	6,78	6,68	6,58	6,48	6,38	6,27
8,20	8,16	8,12	8,08	8,03	7,99	7,95	7,91	7,87	7,82	7,78	7,69	7,60	7,52	7,43	7,33	7,24	7,15	7,05	6,96	6,86	6,76	6,66	6,56	6,46	6,35
8,30	8,26	8,22	8,17	8,13	8,09	8,05	8,00	7,96	7,92	7,87	7,79	7,70	7,61	7,52	7,42	7,33	7,24	7,14	7,04	6,94	6,84	6,74	6,64	6,54	6,43
8,40	8,36	8,32	8,27	8,23	8,19	8,14	8,10	8,06	8,01	7,97	7,88	7,79	7,70	7,61	7,51	7,42	7,32	7,23	7,13	7,03	6,93	6,82	6,72	6,61	6,51
8,50	8,46	8,41	8,37	8,33	8,28	8,24	8,20	8,15	8,11	8,06	7,97	7,88	7,79	7,70	7,60	7,51	7,41	7,31	7,21	7,11	7,01	6,91	6,80	6,69	6,58
8,60	8,56	8,51	8,47	8,43	8,38	8,34	8,29	8,25	8,20	8,16	8,07	7,98	7,88	7,79	7,69	7,60	7,50	7,40	7,30	7,20	7,09	6,99	6,88	6,77	6,66
8,70	8,66	8,61	8,57	8,52	8,48	8,43	8,39	8,34	8,30	8,25	8,16	8,07	7,97	7,88	7,78	7,68	7,58	7,48	7,38	7,28	7,17	7,07	6,96	6,85	6,74
8,80	8,76	8,71	8,67	8,62	8,58	8,53	8,49	8,44	8,39	8,35	8,26	8,16	8,07	7,97	7,87	7,77	7,67	7,57	7,47	7,36	7,26	7,15	7,04	6,93	6,82
8,90	8,86	8,81	8,77	8,72	8,67	8,63	8,58	8,54	8,49	8,44	8,35	8,25	8,16	8,06	7,96	7,86	7,76	7,66	7,55	7,45	7,34	7,23	7,12	7,01	6,89
9,00	8,95	8,91	8,86	8,82	8,77	8,73	8,68	8,63	8,59	8,54	8,44	8,35	8,25	8,15	8,05	7,95	7,85	7,74	7,64	7,53	7,42	7,31	7,20	7,09	6,97
9,10	9,05	9,01	8,96	8,92	8,87	8,82	8,78	8,73	8,68	8,63	8,54	8,44	8,34	8,24	8,14	8,04	7,93	7,83	7,72	7,61	7,50	7,39	7,28	7,17	7,05
9,20	9,15	9,11	9,06	9,01	8,97	8,92	8,87	8,82	8,78	8,73	8,63	8,53	8,43	8,33	8,23	8,13	8,02	7,91	7,81	7,70	7,59	7,47	7,36	7,24	7,13
9,30	9,25	9,21	9,16	9,11	9,06	9,02	8,97	8,92	8,87	8,82	8,72	8,62	8,52	8,42	8,32	8,21	8,11	8,00	7,89	7,78	7,67	7,56	7,44	7,32	7,20
9,40	9,35	9,31	9,26	9,21	9,16	9,11	9,07	9,02	8,97	8,92	8,82	8,72	8,62	8,51	8,41	8,30	8,19	8,09	7,98	7,86	7,75	7,64	7,52	7,40	7,28
9,50	9,45	9,40	9,36	9,31	9,26	9,21	9,16	9,11	9,06	9,01	8,91	8,81	8,71	8,60	8,50	8,39	8,28	8,17	8,06	7,95	7,83	7,72	7,60	7,48	7,36
9,60	9,55	9,50	9,45	9,41	9,36	9,31	9,26	9,21	9,16	9,11	9,01	8,90	8,80	8,69	8,59	8,48	8,37	8,26	8,15	8,03	7,92	7,80	7,68	7,56	7,44
9,70	9,65	9,60	9,55	9,50	9,45	9,40	9,35	9,30	9,25	9,20	9,10	9,00	8,89	8,78	8,68	8,57	8,46	8,34	8,23	8,12	8,00	7,88	7,76	7,64	7,51
9,80	9,75	9,70	9,65	9,60	9,55	9,50	9,45	9,40	9,35	9,30	9,19	9,09	8,98	8,87	8,77	8,66	8,54	8,43	8,32	8,20	8,08	7,96	7,84	7,72	7,59
9,90	9,85	9,80	9,75	9,70	9,65	9,60	9,55	9,50	9,44	9,39	9,29	9,18	9,07	8,96	8,85	8,74	8,63	8,52	8,40	8,28	8,16	8,04	7,92	7,80	7,67
10,00	9,95	9,90	9,85	9,80	9,75	9,70	9,64	9,59	9,54	9,49	9,38	9,27	9,17	9,06	8,94	8,83	8,72	8,60	8,49	8,37	8,25	8,12	8,00	7,87	7,75
10,10	10,05	10,00	9,95	9,90	9,84	9,79	9,74	9,69	9,63	9,58	9,47	9,37	9,26	9,15	9,03	8,92	8,80	8,69	8,57	8,45	8,33	8,21	8,08	7,95	7,82

Tabela 6.5. Determinação da massa linear do fio

	Cálculo da massa linear (kg/m)									
Diâm.	**0,00**	**0,01**	**0,02**	**0,03**	**0,04**	**0,05**	**0,06**	**0,07**	**0,08**	**0,09**
1,00	0,0062	0,0063	0,0064	0,0065	0,0067	0,0068	0,0069	0,0071	0,0072	0,0073
1,10	0,0075	0,0076	0,0077	0,0079	0,0080	0,0082	0,0083	0,0084	0,0086	0,0087
1,20	0,0089	0,0090	0,0092	0,0093	0,0095	0,0096	0,0098	0,0099	0,0101	0,0103
1,30	0,0104	0,0106	0,0107	0,0109	0,0111	0,0112	0,0114	0,0116	0,0117	0,0119
1,40	0,0121	0,0123	0,0124	0,0126	0,0128	0,0130	0,0131	0,0133	0,0135	0,0137
1,50	0,0139	0,0141	0,0142	0,0144	0,0146	0,0148	0,0150	0,0152	0,0154	0,0156
1,60	0,0158	0,0160	0,0162	0,0164	0,0166	0,0168	0,0170	0,0172	0,0174	0,0176
1,70	0,0178	0,0180	0,0182	0,0185	0,0187	0,0189	0,0191	0,0193	0,0195	0,0198
1,80	0,0200	0,0202	0,0204	0,0206	0,0209	0,0211	0,0213	0,0216	0,0218	0,0220
1,90	0,0223	0,0225	0,0227	0,0230	0,0232	0,0234	0,0237	0,0239	0,0242	0,0244
2,00	0,0247	0,0249	0,0252	0,0254	0,0257	0,0259	0,0262	0,0264	0,0267	0,0269
2,10	0,0272	0,0274	0,0277	0,0280	0,0282	0,0285	0,0288	0,0290	0,0293	0,0296
2,20	0,0298	0,0301	0,0304	0,0307	0,0309	0,0312	0,0315	0,0318	0,0321	0,0323
2,30	0,0326	0,0329	0,0332	0,0335	0,0338	0,0340	0,0343	0,0346	0,0349	0,0352
2,40	0,0355	0,0358	0,0361	0,0364	0,0367	0,0370	0,0373	0,0376	0,0379	0,0382
2,50	0,0385	0,0388	0,0392	0,0395	0,0398	0,0401	0,0404	0,0407	0,0410	0,0414
2,60	0,0417	0,0420	0,0423	0,0426	0,0430	0,0433	0,0436	0,0440	0,0443	0,0446
2,70	0,0449	0,0453	0,0456	0,0459	0,0463	0,0466	0,0470	0,0473	0,0476	0,0480
2,80	0,0483	0,0487	0,0490	0,0494	0,0497	0,0501	0,0504	0,0508	0,0511	0,0515
2,90	0,0519	0,0522	0,0526	0,0529	0,0533	0,0537	0,0540	0,0544	0,0548	0,0551
3,00	0,0555	0,0559	0,0562	0,0566	0,0570	0,0574	0,0577	0,0581	0,0585	0,0589
3,10	0,0592	0,0596	0,0600	0,0604	0,0608	0,0612	0,0616	0,0620	0,0623	0,0627
3,20	0,0631	0,0635	0,0639	0,0643	0,0647	0,0651	0,0655	0,0659	0,0663	0,0667
3,30	0,0671	0,0675	0,0680	0,0684	0,0688	0,0692	0,0696	0,0700	0,0704	0,0709
3,40	0,0713	0,0717	0,0721	0,0725	0,0730	0,0734	0,0738	0,0742	0,0747	0,0751
3,50	0,0755	0,0760	0,0764	0,0768	0,0773	0,0777	0,0781	0,0786	0,0790	0,0795
3,60	0,0799	0,0803	0,0808	0,0812	0,0817	0,0821	0,0826	0,0830	0,0835	0,0839
3,70	0,0844	0,0849	0,0853	0,0858	0,0862	0,0867	0,0872	0,0876	0,0881	0,0886
3,80	0,0890	0,0895	0,0900	0,0904	0,0909	0,0914	0,0919	0,0923	0,0928	0,0933
3,90	0,0938	0,0943	0,0947	0,0952	0,0957	0,0962	0,0967	0,0972	0,0977	0,0982
4,00	0,0986	0,0991	0,0996	0,1001	0,1006	0,1011	0,1016	0,1021	0,1026	0,1031
4,10	0,1036	0,1041	0,1047	0,1052	0,1057	0,1062	0,1067	0,1072	0,1077	0,1082
4,20	0,1088	0,1093	0,1098	0,1103	0,1108	0,1114	0,1119	0,1124	0,1129	0,1135
4,30	0,1140	0,1145	0,1151	0,1156	0,1161	0,1167	0,1172	0,1177	0,1183	0,1188
4,40	0,1194	0,1199	0,1204	0,1210	0,1215	0,1221	0,1226	0,1232	0,1237	0,1243

(*continua*)

Tabela 6.5. Determinação da massa linear do fio (*continuação*)

Cálculo da massa linear (kg/m)										
Diâm.	**0,00**	**0,01**	**0,02**	**0,03**	**0,04**	**0,05**	**0,06**	**0,07**	**0,08**	**0,09**
4,50	0,1248	0,1254	0,1260	0,1265	0,1271	0,1276	0,1282	0,1288	0,1293	0,1299
4,60	0,1305	0,1310	0,1316	0,1322	0,1327	0,1333	0,1339	0,1345	0,1350	0,1356
4,70	0,1362	0,1368	0,1374	0,1379	0,1385	0,1391	0,1397	0,1403	0,1409	0,1415
4,80	0,1421	0,1426	0,1432	0,1438	0,1444	0,1450	0,1456	0,1462	0,1468	0,1474
4,90	0,1480	0,1486	0,1492	0,1498	0,1505	0,1511	0,1517	0,1523	0,1529	0,1535
5,00	0,1541	0,1548	0,1554	0,1560	0,1566	0,1572	0,1579	0,1585	0,1591	0,1597
5,10	0,1604	0,1610	0,1616	0,1623	0,1629	0,1635	0,1642	0,1648	0,1654	0,1661
5,20	0,1667	0,1674	0,1680	0,1686	0,1693	0,1699	0,1706	0,1712	0,1719	0,1725
5,30	0,1732	0,1738	0,1745	0,1752	0,1758	0,1765	0,1771	0,1778	0,1785	0,1791
5,40	0,1798	0,1804	0,1811	0,1818	0,1825	0,1831	0,1838	0,1845	0,1851	0,1858
5,50	0,1865	0,1872	0,1879	0,1885	0,1892	0,1899	0,1906	0,1913	0,1920	0,1927
5,60	0,1933	0,1940	0,1947	0,1954	0,1961	0,1968	0,1975	0,1982	0,1989	0,1996
5,70	0,2003	0,2010	0,2017	0,2024	0,2031	0,2038	0,2046	0,2053	0,2060	0,2067
5,80	0,2074	0,2081	0,2088	0,2096	0,2103	0,2110	0,2117	0,2124	0,2132	0,2139
5,90	0,2146	0,2153	0,2161	0,2168	0,2175	0,2183	0,2190	0,2197	0,2205	0,2212
6,00	0,2220	0,2227	0,2234	0,2242	0,2249	0,2257	0,2264	0,2272	0,2279	0,2287
6,10	0,2294	0,2302	0,2309	0,2317	0,2324	0,2332	0,2339	0,2347	0,2355	0,2362
6,20	0,2370	0,2378	0,2385	0,2393	0,2401	0,2408	0,2416	0,2424	0,2432	0,2439
6,30	0,2447	0,2455	0,2463	0,2470	0,2478	0,2486	0,2494	0,2502	0,2510	0,2517
6,40	0,2525	0,2533	0,2541	0,2549	0,2557	0,2565	0,2573	0,2581	0,2589	0,2597
6,50	0,2605	0,2613	0,2621	0,2629	0,2637	0,2645	0,2653	0,2661	0,2669	0,2678
6,60	0,2686	0,2694	0,2702	0,2710	0,2718	0,2726	0,2735	0,2743	0,2751	0,2759
6,70	0,2768	0,2776	0,2784	0,2792	0,2801	0,2809	0,2817	0,2826	0,2834	0,2842
6,80	0,2851	0,2859	0,2868	0,2876	0,2885	0,2893	0,2901	0,2910	0,2918	0,2927
6,90	0,2935	0,2944	0,2952	0,2961	0,2969	0,2978	0,2987	0,2995	0,3004	0,3012
7,00	0,3021	0,3030	0,3038	0,3047	0,3056	0,3064	0,3073	0,3082	0,3090	0,3099
7,10	0,3108	0,3117	0,3126	0,3134	0,3143	0,3152	0,3161	0,3170	0,3178	0,3187
7,20	0,3196	0,3205	0,3214	0,3223	0,3232	0,3241	0,3250	0,3259	0,3268	0,3277
7,30	0,3286	0,3295	0,3304	0,3313	0,3322	0,3331	0,3340	0,3349	0,3358	0,3367
7,40	0,3376	0,3385	0,3394	0,3404	0,3413	0,3422	0,3431	0,3440	0,3450	0,3459
7,50	0,3468	0,3477	0,3487	0,3496	0,3505	0,3514	0,3524	0,3533	0,3542	0,3552
7,60	0,3561	0,3570	0,3580	0,3589	0,3599	0,3608	0,3618	0,3627	0,3636	0,3646
7,70	0,3655	0,3665	0,3674	0,3684	0,3694	0,3703	0,3713	0,3722	0,3732	0,3741
7,80	0,3751	0,3761	0,3770	0,3780	0,3790	0,3799	0,3809	0,3819	0,3828	0,3838
7,90	0,3848	0,3858	0,3867	0,3877	0,3887	0,3897	0,3906	0,3916	0,3926	0,3936

(*continua*)

Tabela 6.5. Determinação da massa linear do fio (*continuação*)

Cálculo da massa linear (kg/m)										
Diâm.	**0,00**	**0,01**	**0,02**	**0,03**	**0,04**	**0,05**	**0,06**	**0,07**	**0,08**	**0,09**
8,00	0,3946	0,3956	0,3966	0,3975	0,3985	0,3995	0,4005	0,4015	0,4025	0,4035
8,10	0,4045	0,4055	0,4065	0,4075	0,4085	0,4095	0,4105	0,4115	0,4125	0,4135
8,20	0,4146	0,4156	0,4166	0,4176	0,4186	0,4196	0,4206	0,4217	0,4227	0,4237
8,30	0,4247	0,4258	0,4268	0,4278	0,4288	0,4299	0,4309	0,4319	0,4330	0,4340
8,40	0,4350	0,4361	0,4371	0,4381	0,4392	0,4402	0,4413	0,4423	0,4434	0,4444
8,50	0,4454	0,4465	0,4475	0,4486	0,4497	0,4507	0,4518	0,4528	0,4539	0,4549
8,60	0,4560	0,4571	0,4581	0,4592	0,4602	0,4613	0,4624	0,4634	0,4645	0,4656
8,70	0,4667	0,4677	0,4688	0,4699	0,4710	0,4720	0,4731	0,4742	0,4753	0,4764
8,80	0,4774	0,4785	0,4796	0,4807	0,4818	0,4829	0,4840	0,4851	0,4862	0,4873
8,90	0,4884	0,4895	0,4906	0,4917	0,4928	0,4939	0,4950	0,4961	0,4972	0,4983
9,00	0,4994	0,5005	0,5016	0,5027	0,5038	0,5050	0,5061	0,5072	0,5083	0,5094
9,10	0,5106	0,5117	0,5128	0,5139	0,5151	0,5162	0,5173	0,5184	0,5196	0,5207
9,20	0,5218	0,5230	0,5241	0,5252	0,5264	0,5275	0,5287	0,5298	0,5310	0,5321
9,30	0,5332	0,5344	0,5355	0,5367	0,5378	0,5390	0,5401	0,5413	0,5425	0,5436
9,40	0,5448	0,5459	0,5471	0,5483	0,5494	0,5506	0,5517	0,5529	0,5541	0,5553
9,50	0,5564	0,5576	0,5588	0,5599	0,5611	0,5623	0,5635	0,5647	0,5658	0,5670
9,60	0,5682	0,5694	0,5706	0,5718	0,5729	0,5741	0,5753	0,5765	0,5777	0,5789
9,70	0,5801	0,5813	0,5825	0,5837	0,5849	0,5861	0,5873	0,5885	0,5897	0,5909
9,80	0,5921	0,5933	0,5945	0,5958	0,5970	0,5982	0,5994	0,6006	0,6018	0,6030
9,90	0,6043	0,6055	0,6067	0,6079	0,6092	0,6104	0,6116	0,6128	0,6141	0,6153
10,00	0,6165	0,6178	0,6190	0,6202	0,6215	0,6227	0,6240	0,6252	0,6264	0,6277
10,10	0,6289	0,6302	0,6314	0,6327	0,6339	0,6352	0,6364	0,6377	0,6389	0,6402

Referências

ASSOCIAÇÃO BRASILEIRA DE NORMAS TÉCNICAS. ABNT. Norma brasileira ABNT NBR 6215:2011: Produtos Siderúrgicos – terminologia. Rio de Janeiro: ABNT, 2002. 20p.

AUSTEN COMUNICAÇÃO E DESENVOLVIMENTO PROFISSIONAL. *Metalurgia física e metalografia*. 1. ed. Belo Horizonte, 1989. 92p.

CETLIN, P. R. *Curso de tecnologia de trefilação de arames de aço*. Belo Horizonte: UFMG, 1989. 245p.

CETLIN, P. R.; HELMAN, H. *Fundamentos da conformação mecânica dos metais*. 2. ed., São Paulo: Artliber, 2018. 264p.

ENGHAG, P. *Steel wire technology*. 3. ed. Örebro: Örebro University, 2003. 312p.

FILHO, E. B.; SILVA, I. B.; BATALHA, G. F. *et al*. *Conformação plástica dos metais*. 6. ed. São Paulo: EPUSP, 2011. 254p.

SOUZA, S. A. *Composição química dos aços*. São Paulo: Blucher, 2006. 134p.

Sobre o autor

Meu nome é Aluizio, pernambucano nascido e criado na bela cidade de Recife. Desde jovem, sempre nutri um interesse especial por aprender e explorar diferentes áreas do conhecimento. Não posso falar de minha formação sem mencionar os colégios que foram minha base: a escola Clovis Bevilaqua, da qual, ainda no jardim da infância, fugi incontáveis vezes, e o Ginásio Pernambucano, que me levou para visitar o primeiro museu da minha vida. Concluído o ensino médio, decidi buscar aperfeiçoamento na Escola Técnica Prof. Agamenon Magalhães, onde me formei técnico em mecânica industrial.

Por meio desse curso, tive meu primeiro contato com o mundo da siderurgia, quando fui contratado pela siderúrgica Açonorte, do Grupo Gerdau, em Recife. Nessa empresa, tive a oportunidade de aprender e me desenvolver nos processos de aciaria, laminação e trefilação, adquirindo valiosas experiências nessas áreas.

Determinado a ampliar meus horizontes acadêmicos, decidi cursar administração de empresas na Associação de Ensino Superior de Olinda. Prossegui meus estudos e concluí uma pós-graduação em gestão de produção na Universidade Federal de Pernambuco (UFPE).

Ainda pela Gerdau, fui transferido para São José dos Campos, em São Paulo, para participar da montagem da fábrica de telas soldadas. Essa experiência enriquecedora expandiu ainda mais meu conhecimento sobre processos industriais e me proporcionou um aprendizado valioso sobre gestão de projetos.

Mais tarde, decidi buscar novos desafios e oportunidades e acabei me juntando à Georadar de Nova Lima, em Minas Gerais, onde trabalhei com prospecção de gás e óleo. Viajei por todo Norte e Nordeste gerenciando equipes enormes e em diversos locais. Essa experiência me permitiu mergulhar em um setor extremamente dinâmico e desafiador, além de me proporcionar uma visão mais ampla da indústria energética.

Movido pelo espírito empreendedor, tornei-me proprietário de uma transportadora junto com dois amigos. Essa experiência me ensinou muito sobre gestão, liderança e tomada de decisões, além de me proporcionar uma compreensão mais aprofundada do setor logístico e quase enlouquecer com o sistema tributário brasileiro.

A vida me reservou novas experiências e, por um período, morei no Mato Grosso do Sul, onde participei ativamente da montagem da metalúrgica Feral.

Em 2016, fui contratado pelo Grupo Aço Cearense, no qual permaneço até os dias de hoje. Essa trajetória tem sido marcada por desafios estimulantes e oportunidades de crescimento contínuo. Determinado a aprimorar ainda mais meus conhecimentos, cursei um MBA em gestão de empresas pelo Ibmec durante minha estadia em Fortaleza, no Ceará.

Atualmente, estou em Marabá, no Pará. Aqui, encontrei uma nova chance de crescimento profissional na Sinobras, uma empresa do Grupo Aço Cearense.

Ao longo dessa jornada repleta de desafios e aprendizados, sempre busquei expandir meus horizontes e aprimorar meus conhecimentos. Nesse sentido, estou muito feliz de compartilhar meu livro com todos vocês. Nesta obra, exploro as experiências vividas em diferentes áreas e setores da indústria e busco compartilhar minhas vivências, as dificuldades enfrentadas, os sucessos alcançados e as lições aprendidas ao longo do caminho. Espero que, por essas palavras, eu possa inspirar outros a buscar seus sonhos, superar obstáculos e abraçar as oportunidades que surgem em suas vidas.

Agradeço a minha família, amigos, mentores e colegas de trabalho, que sempre me apoiaram e encorajaram a seguir em frente. Muito obrigado a todos por fazerem parte desta jornada e por me permitirem compartilhar minha história. Desejo a todos muito sucesso, felicidade e realização em suas próprias jornadas pessoais e profissionais. Juntos podemos construir um futuro brilhante e repleto de conquistas.

GRÁFICA PAYM
Tel. [11] 4392-3344
paym@graficapaym.com.br